建筑工人职业技能培训教材

木 工

（第二版）

建筑工人职业技能培训教材编委会　组织编写

中国建筑工业出版社

图书在版编目（CIP）数据

木工/建筑工人职业技能培训教材编委会组织编
写. —2版. —北京：中国建筑工业出版社，2015.11
建筑工人职业技能培训教材
ISBN 978-7-112-18744-7

Ⅰ.①木… Ⅱ.①建… Ⅲ.①建筑工程-木工-技术
培训-教材 Ⅳ.①TU759.1-44

中国版本图书馆 CIP 数据核字（2015）第 268594 号

建筑工人职业技能培训教材

木 工

（第二版）

建筑工人职业技能培训教材编委会 组织编写

*

中国建筑工业出版社出版、发行（北京西郊百万庄）
各地新华书店、建筑书店经销
北京红光制版公司制版
廊坊市海涛印刷有限公司印刷

*

开本：850×1168 毫米 1/32 印张：8 字数：215 千字
2015 年 12 月第二版 2015 年 12 月第三十一次印刷
定价：19.00 元
ISBN 978-7-112-18744-7
（27841）

本教材是建筑工人职业技能培训教材之一。考虑到木工的特点，按照新版《建筑工程施工职业技能标准》的要求，对木工初级工、中级工和高级工应知应会的内容进行了详细讲解，具有科学、规范、简明、实用的特点。

　　本教材适用于木工职业技能培训，也可供相关人员参考。

责任编辑：朱首明　李　明　李　阳

责任设计：董建平

责任校对：张　颖　赵　颖

建筑工人职业技能培训教材
编 委 会

主　任：刘晓初

副主任：辛凤杰　艾伟杰

委　员：（按姓氏笔画为序）

包佳硕　边晓聪　杜　珂　李　孝

李　钊　李　英　李小燕　李全义

李玲玲　吴万俊　张囡囡　张庆丰

张晓艳　张晓强　苗云森　赵王涛

段有先　贾　佳　曹安民　蒋必祥

雷定鸣　阚咏梅

第一版教材编审委员会

出 版 说 明

为了提高建筑工人职业技能水平，受住房和城乡建设部人事司委托，依据住房和城乡建设部新版《建筑工程施工职业技能标准》（以下简称《职业技能标准》），我社组织中国建筑工程总公司相关专家，对第一版《土木建筑职业技能岗位培训教材》（建设部人事教育司组织编写）进行了修订，并补充新编了其他常见工种的职业技能培训教材。

第一批教材含新编教材3种：建筑工人安全知识读本（各工种通用）、模板工、机械设备安装工（安装钳工）；修订教材10种：钢筋工、砌筑工、防水工、抹灰工、混凝土工、木工、油漆工、架子工、测量放线工、建筑电工。其他工种教材也将陆续出版。

依据新版《职业技能标准》，建筑工程施工职业技能等级由低到高分为：五级、四级、三级、二级和一级，分别对应初级工、中级工、高级工、技师和高级技师。教材覆盖了五级、四级、三级（初级、中级、高级）工人应掌握的内容。二级、一级（技师、高级技师）工人培训可参考使用。

本套教材按新版《职业技能标准》编写，符合现行标准、规范、工艺和新技术推广的要求，书中理论内容以够用为度，重点突出操作技能的训练要求，注重实用性，力求文字通俗易懂、图文并茂，是建筑工人开展职业技能培训的必备教材，也可供高、中等职业院校实践教学使用。

为不断提高本套教材质量，我们期待广大读者在使用后提出宝贵意见和建议，以便我们改进工作。

中国建筑工业出版社

2015 年 10 月

第 二 版 前 言

本教材依据住房和城乡建设部新版《建筑工程施工职业技能标准》，在第一版《木工》基础上修订完成。

本教材主要内容有：建筑识图与房屋构造基本知识、建筑力学与建筑结构基本知识、常用木材及粘接材料、常用木工手工工具的操作与维修、常用木工机械的操作与维修、水准测量、榫的制作、木结构工程、门窗及木制品工程、模板工程、装修及装饰工程、施工及安全管理。

本教材注重突出职业技能教材的实用性及木工工种的技术操作指导性，对基础知识、专业知识和相关技能知识需要掌握、熟悉、了解的部分都有适当的编写，尽量做到图文结合，简明扼要，通俗易懂。本教材适用于职业技能五级（初级）、四级（中级）、三级（高级）木工岗位培训和自学使用，也可供二级（技师）、一级（高级技师）木工参考使用。

本教材修订主编由阚咏梅、赵王涛担任，由于本书所涉及的知识面较广，编写时间较为仓促，不足之处在所难免，恳请各位同行及广大读者批评指正，同时，在修订过程中，查阅了大量相关资料，在此对作者表示衷心感谢！

第 一 版 前 言

本教材是建设部人事教育劳动司指定的"土木建筑职业技能岗位培训教材"之一，是根据建设部颁发的《建设行业职业技能标准》和《建设职业技能岗位鉴定规范》的要求编写的。主要内容有建筑制图与识图，房屋构造，建筑力学知识，常用木材与胶料，常用木工手工工具使用方法，常用木工机械操作与维修，榫的制作、拼缝及配料，水准测量，建筑结构，门窗的制作与安装，木屋架的制作、安装，各种现浇及预制模板的制作、安装，吊顶及木地板施工，旋转楼梯的制作等。

本教材由天津三建职业技能培训中心田红编写一、七、十三，天津建筑工程学校孙大群编写八、十一、十四。天津三建职业技能培训中心李俊廷编写二、三、四、五、六、九、十、十二，并担任主编。全教材由天津建筑工程学校李志新同志主审。

本教材在编写过程中，曾得到天津三建建筑工程有限公司范玉恕同志、杨少元同志、胡春明同志的支持和帮助，对此表示感谢。

由于编者水平有限，加以编写时间仓促，难免有不妥之处，恳请给予批评指正。

目　　录

一、建筑识图与房屋构造基本知识

（一）建 筑 识 图

1. 建筑图纸分类以及图纸中的构配件代号

（1）建筑图纸的分类

建筑图纸根据其表达的形式和用途的不同主要分以下几种：建筑总平面图、建筑平面图、立面图、剖面图、建筑施工图、结构施工图、电气施工图、暖通施工图、给水排水施工图、景观施工图、市政管网施工图、二次深化设计图等。

1）建筑总平面图

主要说明新建平面形状、层数、室内外地面标高，新建道路、绿化、场地等的布置情况，并说明原有建筑、道路、绿化等和新建筑的相互关系以及环境保护方面的要求。

2）建筑平面图

表示建筑的平面形式、大小尺寸、房间布置、建筑入口、门厅及楼梯布置的情况，说明墙、柱的位置、厚度和所用材料以及门窗的类型、位置等情况。主要图纸有首层平面图、二层或标准层平面图、顶层平面图、屋顶平面图等。其中屋顶平面图是在房屋的上方，向下作屋顶外形的水平正投影而得到的平面图。

3）建筑立面图

主要表现建筑的外貌形状，反映屋面、门窗、阳台、雨篷、台阶等的形式和位置，建筑垂直方向各部分高度，建筑的艺术造型效果和外部装饰做法等。在施工中，建筑立面图主要是作建筑外部装修的依据。

4）建筑剖面图

主要表示建筑在垂直方向的内部布置情况，反映建筑的结构形式、分层情况、材料做法、构造关系及建筑竖向部分的高度尺寸等。

5）建筑施工图

主要用来作为施工定位放线、内外装饰做法的依据，同时也是结构施工图和设备施工图的依据。建筑施工图包括设备说明和建筑总平面图、建筑平面图、立体图、剖面图等基本图纸以及墙身剖面图、楼梯、门窗、台阶、散水、浴厕等详图和材料做法的说明。

6）结构施工图

结构施工图是关于承重构件的布置，使用的材料、形状、大小，及内部构造的工程图样，是承重构件以及其他受力构件施工的依据。主要包括结构总说明、基础布置图、承台配筋图、地梁布置图、各层柱布置图、各层柱配筋图、各层梁配筋图、屋面梁配筋图、楼梯屋面梁配筋图、各层板配筋图、屋面板配筋图、楼梯大样、节点大样等。

7）电气施工图

电气施工图是关于建筑用电线路的布置，使用的材料、规格、位置的工程图样，是结构预埋以及后期安装施工的依据。

8）暖通施工图

暖通施工图是用来表达建筑供暖和通风系统的布置及设备安装的系统图纸，主要包括室内外供暖系统图及供风排风系统图。

9）给水排水施工图

给水排水施工图是用来表达建筑给水和排水系统的布置及设备安装的系统图纸，主要包括室内污水排放、室内给水系统图及室外雨水排放系统图，以及小区内雨水和污水管道与市政管网接头等。

10）景观施工图

景观施工图是整个小区配套的园林绿化、景观设施的布置位置、规格尺寸以及详细做法，包括绿化的位置、树木品种以及附属景观的要求等。

11）深化设计图纸

深化设计图纸是为了更细致、更准确表达施工意图，为优化施工工艺和符合正常建筑及结构设计的条件下对相应的图纸进行深化设计,多用于外立面、门窗、幕墙、室外工程及装饰装修等。

(2)图纸中的构配件代号

建筑构配件分建筑构件和建筑配件两大部分。

建筑构件是组成一个房屋的主要部件形式。

柱:框架柱,独立柱,构造柱,混凝土短肢柱,圆柱,L形柱;砖柱,混凝土柱,木柱。

梁:框架梁,联系梁,过梁,圈梁,挑梁,弧形梁;钢梁,木梁,混凝土梁。

板:现浇板,预制平板,预制空心板;钢筋混凝土板,木板。

墙:砖墙,混凝土墙,屋面女儿墙,轻质隔墙。

门:实木门,夹板门,钢质门。

窗:钢窗,木窗,铝合金窗,塑钢窗。

图纸中的构配件代号见表1-1。

图纸中的构配件代号 表1-1

类　　型	代号	类　　型	代号
框架柱	KZ	框支梁	KZL
框支柱	KZZ	连梁	LL
芯柱	XZ	暗梁	AL
梁上柱	LZ	边框梁	BKL
剪力墙上柱	QZ	非框架梁	L
约束边缘暗柱	YAZ	悬挑梁	XL
约束边缘端柱	YDZ	井字梁	JZL
约束边缘翼墙（柱）	YYZ	内门	NM
约束边缘转角墙（柱）	YJZ	外门	WM
构造边缘端柱	GDZ	防火门	FM
构造边缘暗柱	GAZ	检修门	JM
构造边缘翼墙（柱）	GYZ	平开门	PM
构造边缘转角墙（柱）	GJZ	推拉门	TM
非边缘暗柱	AZ	防火窗	FC
扶壁柱	FBZ	保温窗	BC
楼层框架梁	KL	落地窗	LC
屋面框架梁	WKL	百叶窗	YC

续表

类型	代号	类型	代号
继电器线圈	KA	废水管	F
过流继电器线圈	KI	污水管	W
过压继电器线圈	KV	雨水管	Y
接触器主触点	KM	压力污水管	YW
行程开关常开触点	SQ	空气处理机	AHU
断路器	QF	冷却塔	C.T
电流互感器	TA	排风机	EAF
电压互感器	TV	排风口	EAG
生活给水管	J	防火阀	F.D
热水给水管	RJ	热交换机	HX

2. 建筑施工图、结构图和构配件标准图

（1）建筑施工图用以表示房屋的总体布局、内外形状、平面布置、建筑构造等，包括首页（图纸目录、设计总说明等）、总平面图、平面图、立面图、剖面图和详图等。

1）总平面图反映新设计的建筑物的位置、朝向及其与原有建筑及周边地形、绿化、道路的相互关系，如图 1-1 所示。

2）建筑平面图实际是房屋的一个水平剖面图，主要表达房屋建筑的平面形状、房间布置、内外交通联系以及墙、柱、门窗等构配件的位置、尺寸等内容，如图 1-2 所示。

3）立面图

建筑的立面图，是一栋建筑物的四周外观造型的图样。按建筑各立面的朝向绘制图形，称为东、南、西、北立面图。立面图主要表明建筑物的外部形状、立面尺寸、屋顶形式、门窗洞口位置等，如图 1-3 所示。

4）剖面图

剖面图是以假想的平面，把建筑物沿垂直方向切开，剖切后的相对应的投影面图称，如图 1-4 所示。

（2）结构施工图：

主要表达组成房屋的结构构件的平面布置，构件定位、标高、结构形状、大小、材料、配筋等，是房屋结构施工的依据，如图 1-5 所示。

4

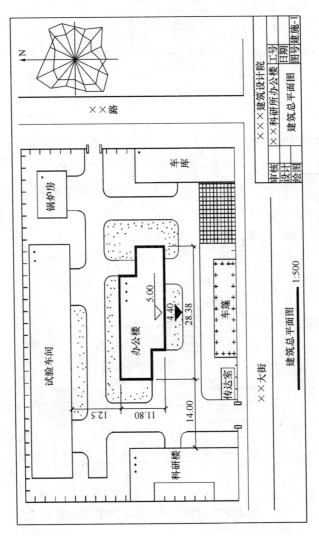

图 1-1 总平面图图例

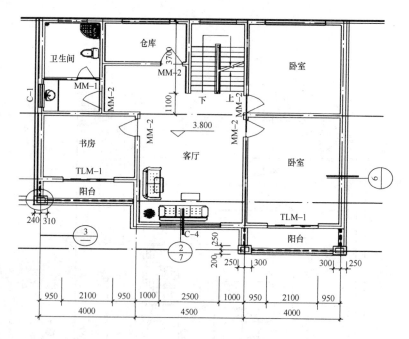

图 1-2　平面图

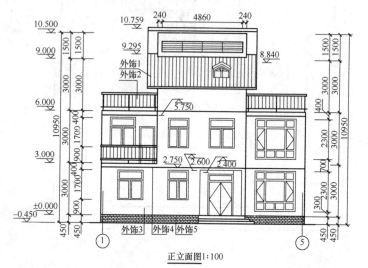

正立面图1:100

图 1-3　立面图

6

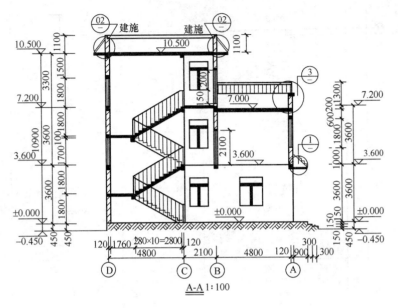

图 1-4 剖面图

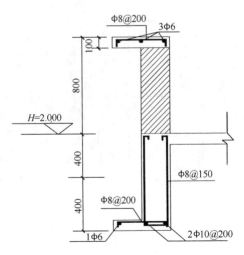

图 1-5 结构图

（3）构配件标准图

构配件标准图见表 1-2。

表 1-2

构配件标准图

序号	名称	图例	备注	序号	名称	图例	备注
1	墙体		应加注文字或填充图例表示材料，或在建设项目建筑设计说明中给予说明	2	单扇门（包括平开或单面弹簧）	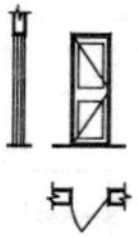	1. 图例中剖面图图左为外、右为内，平面图下为外、上为内。 2. 立面图上开启方向交角的一侧为安装铰链的一侧，实线为外开、虚线为内开。 3. 平面图上门线应90°或45°开启，开启弧线宜画出。 4. 立面图上的开启线在一般设计图中可不表示，在详图或室内设计图上应表示
3	坡道	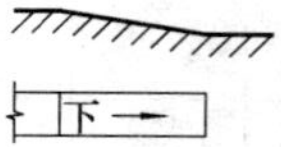	上图为长坡；下图为门口坡道	4	双扇门（包括平开或单面弹簧）	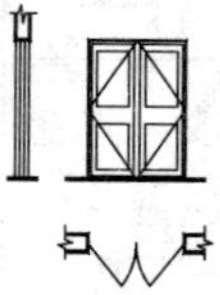	
5	平面高差	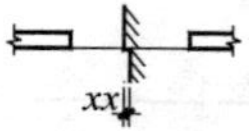	适用于高差小于100mm的两个地面或楼面相接处	6	单扇双面弹簧门	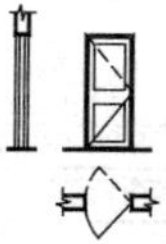	

序号	名称	图例	备注	序号	名称	图例	备注
7	孔洞	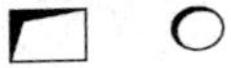		8	双面双面弹簧门	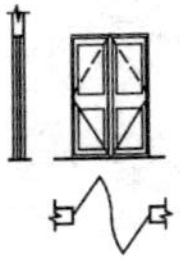	同上
9	坑槽			10	新建的窗	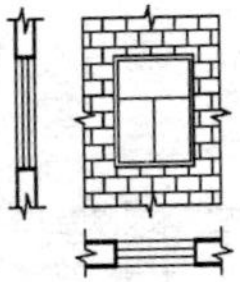	1. 小比例绘图时，平、剖面窗线可用单粗实线表示
11	空门洞	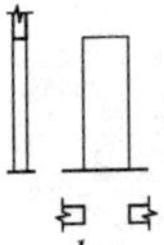	h 为门洞高度	12	竖向卷帘门	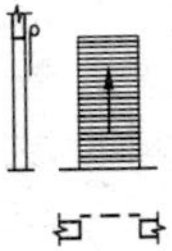	1. 图左为外，右为内。平面图下为外，上为内。2. 立面形式应按实际情况绘制

3. 一般详图与节点详图

建筑详图：鉴于在平面、立面、剖面图中的小比例，房屋上许多构造无法表示清楚，为满足施工要求，在建筑图中常用较大比例绘制若干局部详图，用以描述这些部位的形状、尺寸、材料、做法等要素，这种详图称之为建筑详图，亦可称为一般详图。

节点详图：为了表达房屋某一细部构造做法和材料组成的详图称为节点构造详图，简称为节点详图，如檐口、窗台、勒脚、明沟等，节点详图属于建筑详图的一类。对于节点详图，应明确标注出详图符号，以便对照查阅。

建筑详图是建筑细部的施工图，是对建筑平面、立面、剖面等基本图样的深化和补充，是建筑工程的细部施工、建筑构配件的制作及编制预算的依据。

索引符号、详图符号见表1-3。

索引符号、详图符号　　　　　　　　　　表 1-3

符号画法		符号标法	说明
局部放大索引符号	1. 圆直径为 10mm； 2. 引出线及圆均用细实线绘制 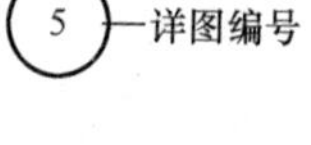 ⑤—详图编号	 ②	索引详图与索引图在同一张图纸内
		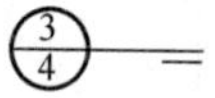 ③/④ =	分母表示详图所在图纸编号，分子表示详图编号
		J103 ④/⑤	采用标准图集第103册第5页第4个详图

10

	符号画法	符号标法	说明
局部剖视索引符号	1. 圆直径为 10mm； 2. 引出线及圆均为细线绘制； 3. 引出线一侧为剖视方向； 4. 剖切位置用粗实线绘制 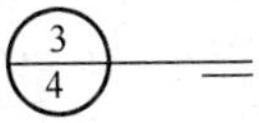	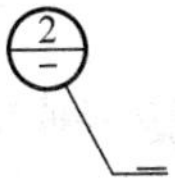 $\frac{2}{-}$	详图与索引图在同一张图纸内
		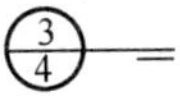 $\frac{3}{4}$	分母表示详图所在图纸编号，分子表示详图编号
	$\frac{3}{4}$	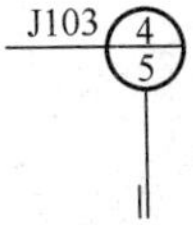 J103 $\frac{4}{5}$	采用标准图集第 103 册第 5 页第 4 个详图
详图符号	1. 圆直径为 14mm； 2. 圆使用粗实线绘制	 ⑤	详图与索引图在同一张图纸内
		 $\frac{5}{3}$	分母表示索引符所在图纸编号，分子表示详图编号

4. 与本职业有关的各类详图

表示局部构造的详图，如外墙身详图、楼梯详图、阳台详图、门窗详图等；

表示房屋设备的详图，如卫生间、厨房、实验室内设备的位置及构造等；

表示房屋特殊装修部位的详图，如吊顶、花饰等。

建筑上的节点详图是来反映节点处构件代号、连接材料、连接方法以及对施工安装等方面内容，更重要的是表达节点处配置的受力钢筋或构造钢筋的规格、型号、性能和数量，楼梯详图示例如图 1-6 所示。

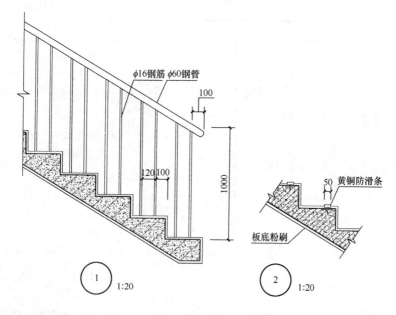

图 1-6　楼梯详图

5. 模板、木制品等复杂施工图与构造图

（1）结构模板支设施工图

墙、柱模板支设应在钢筋绑扎和隐蔽验收后进行，根据截面尺寸和高度进行设计，保证模板及其支撑体系有足够的强度、刚度、稳定性，进而保证混凝土施工质量。为保证浇筑墙体的垂直度，在浇筑下层楼地面时预埋钢筋，在支设墙体模板时用钢管从底部、中部和顶部分别连接预埋钢筋和水平钢管作为斜撑来保证墙体垂直度，如图 1-7 所示。

（2）木制品构造图

以木结构为主的我国古建，是世界建筑的瑰宝，以庑殿殿堂建筑为例，宋称为"五脊殿"，清称为"四阿殿"，在中国古建筑性质体系定型后，庑殿建筑是中古房屋建筑中，等级最高的一种建筑形式。庑殿建筑木构架主要分为正身和山面两大部分，如图 1-8 所示。

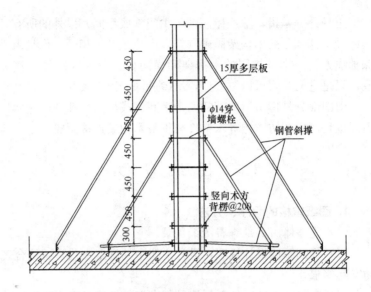

图 1-7　内墙模板支设

图中标注：
15厚多层板
φ14穿墙螺栓
钢管斜撑
竖向木方背楞@200
450 450 450 450 450 450 450 300

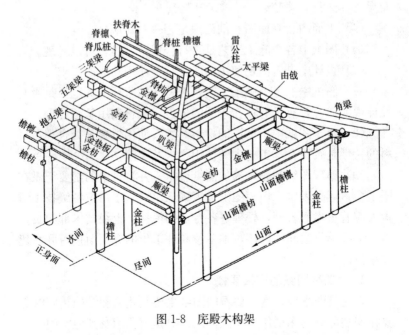

图 1-8　庑殿木构架

图中标注：
扶脊木
脊檩
脊瓜柱
三架梁
五架梁
抱头梁
檐檩
檐枋
金垫板
金枋
脊桩
檐檩
雷公柱
太平梁
由戗
脊枋
金檩
趴梁
角梁
顺梁
金枋
金檩
顺梁
金柱
山面檐檩
山面檐枋
金柱
檐柱
次间
檐柱
金柱
尽间
正身面
山面

正身部分是指，除房屋两端的梢间（或尽间）以外的所有开间部分，这部分的木构架同硬（悬）山建筑基本相同，也是由进深轴线方向一排排相同的木排架和横向枋、檩木等构件连接而成，只是它的开间可以更多些，房屋进深可以更大些。

山面部分是指房屋两端的两个梢间（或尽间）部分，这两端山面也是用梁、枋、檩等木构件与正身木构架连接而成。

（二）图 纸 审 核

1. 图纸审核的程序、方法

（1）先整体后局部查看图纸目录。

（2）仔细阅读设计说明，设计说明中的施工工艺是否符合现场实际要求。

（3）查看柱子轴线位置标注是否合理，轴线是否明确，尺寸及尺寸界线是否清楚。

（4）平面图、立面图、剖面图是否一一对应。

（5）图纸中各个施工工艺是否符合规范、是否可以实现。

（6）设计中是否满足使用功能，符合使用功能的要求。

（7）图纸中的各个施工工艺是否符合国家标准规范，是否与设计说明对应，有没有存在矛盾的地方，选材利用是否合理。

（8）对于图纸中所标注的材料，查看使用位置是否合理，材料的特性是否符合本工艺中的使用要求及年限。

（9）整理图纸问题，参加图纸会审，并将讨论的纪要记录在图纸会审记录表中，填写图纸会审确认单，施工单位各级技术负责人应着重界面管理，处理好各专业的衔接，上级技术部门负责检查下级单位之间的衔接，本单位和外单位的界面衔接可联系建设单位协调处理。

2. 本工种图纸的审核要领

就建筑图来说，木工要看的图纸主要是建施和结施，同时需要将安装部分的图纸作为参照，以核对预留孔洞及其他空间。一般先看平面图，参照立面图，按照图中标注出的节点索引及剖面索引，根据索引去看相应的剖面图和节点详图。

图纸审核应注意的问题：

（1）查看图纸目录，看是否有错、碰、漏现象。

（2）重点审核细部尺寸、各轴线尺寸，并校核建筑物的总尺寸，以及特殊工艺的节点详图，必要时需要进行专项深化设计，另外，需重点关注易出错、易通病部位。

（3）检查各类图纸间尺寸及设置空间有无矛盾，标高是否一致，描述是否清晰，深化是否对应，是否有悖强规，以及详图是否可操作等，并应对图纸上不清楚或遗漏之处做好记录，以便在图纸会审时提出。

（4）从有利于工程施工、有利于保证建筑质量、有利于工程美观、有利于降本增效的方面提出改进意见。

（5）必须经常了解和掌握设计变更通知单的内容，及时标注，不可疏忽，以防出现差错。

（三）房屋构造的基本知识

1. 民用建筑种类

民用建筑按其用途又分为居住建筑、公共建筑及综合建筑。居住建筑是指各种住宅楼；公共建筑是指各种商业大楼、教学楼、影剧院、医院等；综合建筑是指各种商住楼、多功能大厦等。

居住建筑按层数分为：1～3 层为低层；4～6 层为多层；7～9 层为中高层；10 层以上为高层。公共建筑及综合建筑总高度超过 24m 者为高层（不包括高度超过 24m 单层主体建筑）。建筑物高度超过 100m 时，不论是居住建筑或公共建筑均为超高层。

民用建筑按其主体承重结构用料不同，主要分为砖混结构、框架结构和框架—剪力墙结构。砖混结构是指墙体用砖砌体，楼板用钢筋混凝土板。框架结构是指由柱与梁组成的立体骨架作为主要承重结构。一般低层、多层的居住建筑采用砖混结构，高层的民用建筑则多采用框架结构或框架—剪力墙结构。

2. 民用建筑基本组成

一般民用建筑是由基础、墙和柱、楼层和地面、楼梯、屋顶和门窗等基本构件组成的，如图 1-9 所示。这些构件分处不同的部位，发挥各自的作用。其中有的起承重作用，承受建筑物全部或部分荷载，确保建筑物的安全；有的起围护作用，保证建筑物

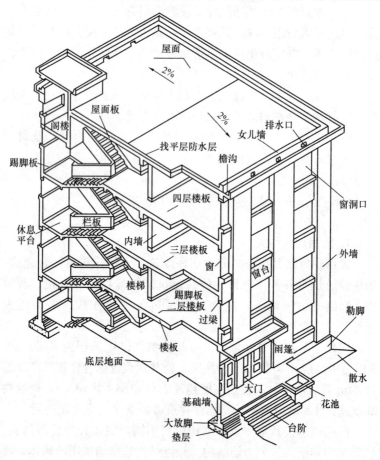

图 1-9　民用建筑的组成

的使用和耐久年限；有的构件则起承重和围护双重作用。

基础：基础是建筑物最下部的承重构件，它承受建筑物的全部荷载，并将荷载传给地基。

墙和柱：墙是建筑物的竖向围护构件，在多数情况下也为承重构件，承受屋顶、楼层、楼梯等构件传来的荷载，并将这些荷载传给基础。外墙分隔建筑物内外空间，抵御自然界各种因素对建筑的侵袭；内墙分隔建筑内部空间，避免各空间之间的相互干扰。

楼板和地面：楼板和地面是建筑物水平向的围护构件和承重构件。楼板分隔建筑物上下空间；并承受作用其上的家具、设备、人体、隔墙等荷载及楼板自重，并将这些荷载传给墙或柱。楼层还起着墙或柱的水平支撑作用，增加墙或柱的稳定性。

楼梯：楼梯是建筑物的竖向交通构件，供人和物上下楼层和疏散人流之用。

屋顶：屋顶是建筑物最上部的围护构件和承重构件。它抵御各种自然因素对顶层房间的侵袭，同时承受作用其上的全部荷载，并将这些荷载传给墙或柱。

门窗：门的主要功能是交通出入、分隔和联系内部与外部或室内空间，有的兼起通风和采光作用。窗的主要功能是采光和通风，并起到空间之间视觉联系作用。门和窗均属围护构件。

其他构件有：如阳台、雨篷、台阶、烟道等。

二、建筑力学与建筑结构基本知识

（一）力学基本知识

1. 力的基本性质

（1）力的作用效果

促使或限制物体运动状态的改变，称力的运动效果；促使物体发生变形或破坏，称力的变形效果。

（2）力的三要素

力的大小、力的方向和力的作用点的位置称力的三要素。

（3）作用与反作用原理

力是物体之间的作用，其作用力与反作用力总是大小相等，方向相反，沿同一作用线相互作用于两个物体。

（4）力的合成与分解

作用在物体上的两个力用一个力来代替称力的合成。力可以用线段表示，线段长短表示力的大小，起点表示作用点，箭头表示力的作用方向。力的合成可用平行四边形法则，如图 2-1 所示，P_1 与 P_2 合成 R。利用平行四边形法则也可将一个力分解为两个力，如将 R 分解为 P_1、P_2。但是力的合成只有一个结果，而力的分解会有多种结果。

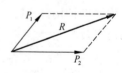

图 2-1　力的合成与分解

（5）约束与约束反力

工程结构是由很多杆件组成的一个整体，其中每一个杆件的运动都要受到相连杆件、节点或支座的限制或称约束。约束杆件对被约束杆件的反作用力，称约束反力。

2. 梁在荷载作用下的内力及内力图

（1）梁在荷载作用下的内力

图 2-2 为一简支梁。梁受弯后，上部受压，产生压缩变形；下部受拉，产生拉伸变形。V 为 1-1 截面的剪力，$\sum Y = 0$，$V = Y_A$。1-1 截面上有一拉力 N 和一压力 N，形成一力偶 M，此力偶称 1-1 截面的弯矩。根据 $\sum M_0 = 0$，可求得 $M = Y_A \cdot a$。梁的截面上有两种内力，即弯矩 M 和剪力 V。

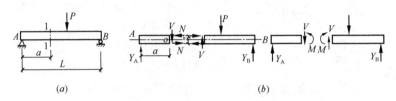

图 2-2　简支梁受力图

（a）梁的受力图；（b）隔离体图

（2）剪力图和弯矩

从图 2-3，找出悬臂梁上各截面的内力变化规律，可取距 A 点为 x 的任意截面进行分析。首先取隔离体，根据 $\sum Y = 0$，剪力 $V(x) = P$；$\sum M = 0$，弯矩 $M(x) = -P \cdot x$。不同荷载下，不同支座梁的剪力图和弯矩图，如图 2-4～图 2-5 所示。

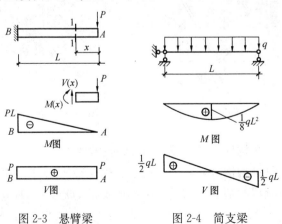

图 2-3　悬臂梁　　　　图 2-4　简支梁

19

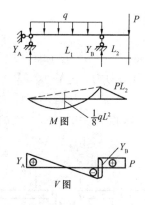

图 2-5 伸臂梁

3. 防止结构倾覆的技术要求

（1）力矩的特性

1）力矩的概念

力使物体绕某点转动的效果要用力矩来度量。力矩＝力×力臂，$M = P \cdot a$。转动中心称力矩中心，力臂是力矩中心 O 点至力 P 的作用线的垂直距离 a，如图 2-6 所示。力矩的单位是 N·m 或 kN·m。

2）力矩的平衡

物体绕某点没有转动的条件是，对该点的顺时针力矩之和等于逆时针力矩之和，即 $\sum M = 0$，称力矩平衡方程。

（2）力偶的特性

两个大小相等方向相反，作用线平行的特殊力系称为力偶，如图 2-7 所示。力偶矩等于力偶的一个力乘力偶臂，即 $M = \pm P \times d$。力偶矩的单位是 N·m 或 kN·m。

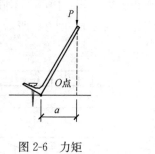

图 2-6 力矩   图 2-7 力偶

（3）防止构件（或机械）倾覆的技术要求

对于悬挑构件（如阳台、雨篷、探头板等）、挡土墙、起重机械防止倾覆的基本要求是：引起倾覆的力矩 $M_{(倾)}$ 应小于抵抗倾覆的力矩 $M_{(抗)}$。为了安全，可取 $M_{(抗)} \geq (1.2 \sim 1.5) M_{(倾)}$。

（二）建筑结构基本知识

常见建筑结构体系如下：

（1）混合结构体系

混合结构房屋一般是指楼盖和屋盖采用钢筋混凝土或钢木结构，而墙和柱采用砌体结构建造的房屋，大多用在住宅、办公楼、教学楼建筑中。因为砌体的抗压强度高而抗拉强度很低，所以住宅建筑最适合采用混合结构，一般在6层以下。混合结构不宜建造大空间的房屋。混合结构根据承重墙所在的位置，划分为纵墙承重和横墙承重两种方案。纵墙承重方案的特点是楼板支承于梁上，梁把荷载传递给纵墙。横墙的设置主要是为了满足房屋刚度和整体性的要求。其优点是房屋的开间相对大些，使用灵活。横墙承重方案的主要特点是楼板直接支承在横墙上，横墙是主要承重墙。其优点是房屋的横向刚度大，整体性好，但平面使用灵活性差。

（2）框架结构体系

框架结构是利用梁、柱组成的纵、横两个方向的框架形成的结构体系。它同时承受竖向荷载和水平荷载。其主要优点是建筑平面布置灵活，可形成较大的建筑空间，建筑立面处理也比较方便；主要缺点是侧向刚度较小，当层数较多时，会产生过大的侧移，易引起非结构性构件（如隔墙、装饰等）破坏，而影响使用。在非地震区，框架结构一般不超过15层。框架结构的内力分析通常是用计算机进行精确分析。常用的手工近似法是：竖向荷载作用下用分层计算法；水平荷载作用下用反弯点法。风荷载和地震力可简化成节点上的水平集中力进行分析。

（3）剪力墙体系

剪力墙体系是利用建筑物的墙体（内墙和外墙）做成剪力墙来抵抗水平力。剪力墙一般为钢筋混凝土墙，厚度不小于140mm。剪力墙的间距一般为3～8m，适用于小开间的住宅和旅馆等。一般在 30m 高度范围内都适用。剪力墙结构的优点是侧向刚度大，水平荷载作用下侧移小；缺点是剪力墙的间距小，结构建筑平面布置不灵活，不适用于大空间的公共建筑，另外结构自重也较大。

因为剪力墙既承受垂直荷载，又承受水平荷载。对高层建筑主要荷载为水平荷载，墙体既受剪又受弯，所以称剪力墙。

（4）框架—剪力墙结构

框架—剪力墙结构是在框架结构中设置适当剪力墙的结构。它具有框架结构平面布置灵活，有较大空间的优点，又具有侧向刚度较大的优点。框架—剪力墙结构中，剪力墙主要承受水平荷载，竖向荷载主要由框架承担。框架—剪力墙结构一般宜用于 10～20 层的建筑。

横向剪力墙宜均匀对称布置在建筑物端部附近、平面形状变化处。纵向剪力墙宜布置在房屋两端附近。在水平荷载的作用下，剪力墙好比固定于基础上的悬臂梁，其变形为弯曲型变形，框架为剪切型变形。框架与剪力墙通过楼盖联系在一起，并通过楼盖的水平刚度使两者具有共同的变形。在一般情况下，整个建筑的全部剪力墙至少承受 80％的水平荷载。

（5）筒体结构

在高层建筑中，特别是超高层建筑中，水平荷载愈来愈大，起着控制作用。筒体结构便是抵抗水平荷载最有效的结构体系。

（6）桁架结构体系

桁架是由杆件组成的结构体系。在进行内力分析时，节点一般假定为铰节点，当荷载作用在节点上时，杆件只有轴向力，其材料的强度可得到充分发挥。桁架结构的优点是可利用截面较小的杆件组成截面较大的构件。

（7）网架结构

网架是由许多杆件按照一定规律组成的网状结构。网架结构可分为平板网架和曲面网架。它改变了平面桁架的受力状态，是高次超静定的空间结构。

（8）拱式结构

拱是一种有推力的结构，它的主要内力是轴向压力。

由于拱式结构受力合理，在建筑和桥梁中被广泛应用。它适用于体育馆、展览馆等建筑中。巴黎国家工业与技术展览中心，拱式结构，跨度 206m，是当今世界有名的大跨度建筑。

（9）悬索结构

悬索结构，是比较理想的大跨度结构形式之一，在桥梁中被广泛应用。目前，悬索屋盖结构的跨度已达 160m，主要用于体育馆、展览馆中。悬索结构的主要承重构件是受拉的钢索，钢索是用高强度钢绞线或钢丝绳制成。

（10）薄壁空间结构

薄壁空间结构，也称壳体结构。它的厚度比其他尺寸（如跨度）小得多，所以称薄壁。它属于空间受力结构，主要承受曲面内的轴向压力，弯矩很小。它的受力比较合理，材料强度能得到充分利用。薄壳常用于大跨度的屋盖结构，如展览馆、俱乐部、飞机库等。

三、常用木材及粘接材料

（一）木　材

1. 树木的分类及性质

一般可将树木分为针叶树和阔叶树两大类。

针叶树树干通直，易得大材，强度较高，体积密度小，胀缩变形小，其木质较软，易于加工，常称为软木材，包括松树、杉树和柏树等，为建筑工程中主要应用的木材品种。

阔叶树大多为落叶树，树干通直部分较短，不易得大材，其体积密度较大，胀缩变形大，易翘曲开裂，其木质较硬，加工较困难，常称为硬木材，包括榆树、桦树、水曲柳、檀树等众多树种。由于阔叶树大部分具有美丽的天然纹理，故特别适于室内装修或制造家具及胶合板、拼花地板等装饰材料。

2. 常用木材的种类及规格

木材是建造建筑、构件、家具的必需材料，木工常用木材大致可分为：细木工板、胶合板、集成材板、刨花板、密度板、饰面板、澳松板等。

（1）细木工板：细木工板俗称大芯板是由两片单板中间胶压拼接木板而成。主要规格为 2440mm×1220mm×18mm、2440mm×1220mm×15mm。

（2）胶合板家具常用材料之一是一种人造板。一组单板通常按相邻层木纹方向互相垂直组坯胶合而成的板材。主要规格为2440mm×1220mm×3mm、440mm×1220mm×5mm、2440mm×1220mm×9mm。

（3）集成材又称集成指接材是同一种木材经锯材加工脱脂、

烘蒸干燥后根据需求的不同规格由小块板材通过指接胶拼接、经高温热压一次定型而成。主要规格为 2440mm×1220mm×12mm、2440mm×1220mm×15mm、2440mm×1220mm×18mm。

（4）刨花板为优质木材或小径木材经切削后经干燥加胶、加压而成主要规格为 2440mm×1220mm×12mm、2440mm×1220mm×15mm、2440mm×1220mm×18mm。

（5）密度板英文也称纤维板是将木材、树枝等物体放在水中浸泡后经热磨、铺装、热压而成。常见规格为 2440mm×1220mm×3mm、2440mm×1220mm×5mm、2440mm×1220mm×9mm。

（6）饰面板装饰饰面板是将天然木材或人造木刨切成一定厚度的薄片粘附于胶合板表面上然后热压而成的一种材料。主要规格为 2440mm×1220mm×2.5mm、2440mm×1220mm×2.7mm、2440mm×1220mm×3.0mm、2440mm×1220mm×3.6mm。

（7）三聚氰胺板　简称三氰板全称是三聚氰胺浸渍胶膜纸饰面人造板。主要规格为2440mm×1220mm×9mm、2440mm×1220mm×12mm、2440mm×1220mm×15mm、2440mm×1220mm×18mm。

（8）澳松板采用单一树种作为原料木材，该树种就是辐射松，具有纤维柔细、色泽浅白的特点。主要规格为2440mm×1220mm×3mm、2440mm×1220mm×5mm、2440mm×1220mm×9mm、2440mm×1220mm×12mm、2440mm×1220mm×15mm、2440mm×1220mm×18mm。

3. 木材疵病的鉴别和防治

（1）节子

包含在树干或主枝木材中的枝条部分，称为节子。按木节质地及和周围木材结合程度分为活节、死节和漏节。

节子破坏了木材构造的均匀性和完整性，不仅影响木材表面的美观和加工性质，更重要的是降低了木材的强度。

（2）虫害

各种昆虫在木材上所蛀蚀的孔道叫虫孔或虫眼。虫眼可分为表皮虫沟、小虫眼和大虫眼。表皮虫沟：昆虫蛀蚀木材的深度不足 10mm 的虫沟。小虫眼：指虫孔的最大直径不足 3mm。大虫眼：指虫孔最小直径在 3mm 以上。

虫害对材质有一定的影响，不仅降低了力学性能，而且还给木材带来病害，因此必须加以限制，防治虫害。一般将木材进行药剂处理，使虫类不能生长繁殖。

（3）裂纹

木材纤维与纤维之间的分离所形成的裂隙称为裂纹。裂纹按类型分为经裂、轮裂和干裂。在心材内部，从髓心沿半径方向开裂的裂纹叫经裂；系沿年轮方向开裂的裂纹叫轮裂，轮裂又分为环裂和弧裂两种；由于木材干燥不均而产生的裂纹叫干裂。

裂纹能破坏木材的完整性，影响木材的作用和装饰价值，降低木材强度。在保管不良的情况下，还会引起木材的变色和腐朽。

（4）斜纹

木材中纤维排列与纵轴方向不一致所出现的倾斜纹理称为斜纹。锯材的斜纹除由圆材的天然斜纹所造成外，如下锯方法不合理，通直的树干也会加工成斜纹锯材，这种斜纹叫人工斜纹。

斜纹对材质的影响主要是降低木材的强度，有斜纹的圆木干燥时容易开裂，有斜纹的板材干燥时容易翘曲并降低强度。

（5）腐朽

木材由于木腐菌的侵入，逐渐改变其颜色和结构，使细胞壁受到破坏，物理、力学性质随之发生变化，最后变得松软易碎，呈筛孔状或粉末状等形状，此种状态称为腐朽。

腐朽严重影响木材的物理力学性能，使木材重量减轻，吸水性增大，强度降低，尤其是褐腐后期，木材强度基本接近于零，故在建筑工程中不容许使用腐朽的木材。

（6）髓心

在树干横断面上第一年轮的中间部分由脆弱的薄壁细胞组织所构成，呈不同形状，多数为圆形或椭圆形，直径约 20～50mm，其颜色为褐色或较周围颜色浅淡。具有髓心的木材其强度均较低，且干燥时容易开裂。

4. 常用防腐剂的种类

（1）木材防腐剂是一种化学药剂，在将它注入木材中后，可以增强木材抵抗菌腐、虫害、海生钻孔动物侵蚀等的作用，木材防腐剂的分类有多种方法：

1）按防腐剂载体的性质可分为水载型（水溶性）防腐剂、有机溶剂（油载型、油溶性）防腐剂、油类防腐剂；

2）按防腐剂的组成可分为单一物质防腐剂与复合防腐剂，如防腐油属前者，而混合油属于后者，氟化钠属于前者，CCA属于后者；

3）按防腐剂的形态可分为固体防腐剂、液体防腐剂与气体防腐剂。

（2）木材防腐剂的要求

一种好的木材防腐剂应当具备以下一些基本条件：

1）毒效大：木材防腐剂的效力主要是由其对有害生物的毒性决定的，就是说这种防腐剂必须对危害木材的各种昆虫、细菌或海洋钻孔类动物是有毒的，毒性越大，其防腐的效果就越强。

2）持久性与稳定性好：木材防腐剂应具有较为稳定的化学性质，它在注入木材后，在相当长的一段时间里，不易挥发，不易流失，持久地保持应有的毒性。

3）渗透性强：木材防腐剂必须是容易浸透入木材内部，并且有一定的透入深度。

4）安全性高：木材防腐剂对危害木材的各种菌虫要有较高的毒性，但同时它应当对人畜是低毒或无毒的，对环境不会造成污染或破坏。随着人类对环境与可持续发展的关心，一些曾经广泛使用但被证明会造成环境污染的防腐剂逐步为人们所淘汰，如汞、铅、砷类防腐剂。

5）腐蚀性低：由于在防腐处理过程中要使用各种金属容器作为设备，因此防腐剂对金属的腐蚀性是一个必须引起重视的问题。在各种防腐剂中有的是偏酸性，有的是偏碱性。酸性防腐剂对钢、铁具有较强的腐蚀性，碱性防腐剂对铝、铜等有色金属具有腐蚀性。因此防腐剂对各种金属的腐蚀性要小，偏于中性的比较理想。

6）对木材材性损害小：木材具有适当的力学强度，有良好的纹理和悦人的色泽。经防腐处理后，对木材的材性多少会造成一定的影响，但是以不影响其使用为度。如水载型防腐剂应当不影响木材的油漆性能，对木材的胀缩性影响小，建筑结构材不会影响其强度。

7）价格低、货源广：为了促进木材防腐工业的发展，木材防腐剂必须有充足的货源，而且原材料价格低，具有竞争力。

完全符合上述各项条件，十全十美的木材防腐剂是很难做到的，人们只能根据木材的使用环境及使用要求，选择综合性能较好的防腐剂。

5. 木材的含水率

（1）含水率

木材的含水量用含水率表示，指木材所含水的质量占木材干燥质量的百分比。

木材吸水的能力很强，其含水量随所处环境的湿度变化而异，所含水分由自由水、吸附水、化合水三部分组成。

（2）含水率指标

影响木材物理力学性质和应用的最主要的含水率指标是纤维饱和点和平衡含水率。

纤维饱和点是木材仅细胞壁中的吸附水达饱和而细胞腔和细胞间隙中无自由水存在时含水率其值随树种而异，一般为25％～35％，平均值为30％。它是木材物理力学性是否随含水率而发生变化的转折点。

平衡含水率是指木材中的水分与周围空气中的水分达到吸收与挥发动态平衡时的含水平衡含水率因地域而异，平衡含水率是木材和木制品使用时避免变形或开裂而应控制含水率指标。

（3）木材的湿胀干缩变形

木材仅当细胞壁内吸附水的含量发生变化才会引起木材的变形，即湿胀干缩。

木材含水量大于纤维饱和点时，表示木材的含水率除吸附水达到饱和外，还有一定数的自由水。此时，木材如受到干燥或受潮，只是自由水改变，故不会引起湿胀干缩。只当含长率小于纤维饱和点时，表明水分都吸附在细胞壁的纤维上，它的增加或减少才能起木材的湿胀干缩。即只有吸附水的改变才影响木材的变形，而纤维饱和点正是这一改变的转折点。

由于木材构造的不均匀性，木材的变形在各个方向上也不同，顺纹方向最小，径向较大，弦向最大。因此，湿材干燥后，其截面尺寸和形状会发生明显的变化。

6. 木材的干燥

木材在使用前，应进行干燥处理，这样不仅可以防止弯曲、变形和裂缝，还能提高强度，便于防腐处理与油漆加工等，以延长木制工程的使用年限。木材的干燥选择天然干燥法和人工干燥法。

（1）天然干燥法

1）天然干燥法分为自然大气干燥和强制大气干燥。自然气干生产方式简单，不需要太多的干燥设备，节约能源；但占地面积大，干燥时间长，干燥过程不能人为控制，受地区、季节、气候等条件的影响；终含水率较高（10%～15%，与当地的平衡含水率相适应）在干燥期间易产生虫蛀、腐朽、变色，开裂等缺陷。

2）天然干燥法的一般情况下，原木需要半年的时间自然风干，锯成板材后大约还需要三个月。

3）原木板、方材、小材料的堆垛法

① 堆放圆木，应站在垛的两端并清除垛下障碍物，码高垛时，脚手板必须支搭牢固，禁止两人在同一脚手板上操作，冬、雨季必须加防滑措施。

② 翻圆木撬杠和板钩不得正面对人，翻弯曲的直径较大的圆木，必须掩好木垫，防止圆木滚动。

③ 圆木垛高一般不得超过 3m，垛距不得小于 1.5m；成材垛高一般不得超过 4m，每 0.5m 加横木，垛距不得小于 1m。所有材料堆垛应距运输轨道两侧 1m，上方不得有高压线。

④ 木材的堆放要符合防火要求，设消防设施、防火道路。

（2）人工干燥法

人工干燥法，是人为打破自然干燥的环境，强制干预使木材干燥的方法，常用的人工干燥法有：

1）水煮法：将木材放在水槽中煮沸，然后取出置于干燥窑中干燥，从而加快干燥速度，减少干裂变形，它适用于干燥少量和小件难以干燥的硬质阔叶材。该法设备复杂、成本高，但干燥质量好，可加快难以干燥的硬木干燥时间。

2）蒸汽法：利用蒸汽导入干燥室，喷蒸汽增加湿度及升温，另一部分蒸汽通过散热器提高和保持室温，使木材干燥，它适用于生产能力较大，且有锅炉装置的木材加工工厂，在我国使用广泛。该法设备较复杂，但易于调节窑温，干燥质量好，干燥时间短，安全可靠。

3）烟熏法：在地坑内均匀散布纯锯末，点燃锯末，使其均匀缓燃，不得有火焰急火，利用其热量，直接干燥木材，它适用于一般条件差的木材加工厂或工地。该法设备简单，燃料来源方便，成本低，但干燥时间长，质量较差，管理要求严格，以免引起火灾。

4）热风法：用鼓风机将空气通过被烧热的管道吹进炉内，从炉底下部风道散发出来，经过木垛又从上部一吸风道回到鼓风机，往复循环，使木材干燥，该方法适用于一般的木材加工企业。该法设备简单，投资较少，干燥成本较低，但木材干燥不均匀，干燥周期长，质量不易控制。

5）瓦斯法：燃烧煤或木屑产生瓦斯直接通入烘干窑内干燥木材，木材在窑内按水平堆积法放置，它适用于生产能力较大的木材加工厂。该法设备简单，易于施行，热量损失少，成本低，窑温易于控制，干燥质量较好。

6）红外线法：利用可以放射红外线的辐射热源（反射镜灯泡、金属网、陶瓷板等）对木材进行热辐射，使木材吸收辐射热能，进行干燥，它适用于干燥较薄的木材。该法设备简单，基准易调节，干燥周期短，成本低，若用灯泡干燥时，耗电量大，加热欠均匀。

7）过热蒸汽法：用加热器在室内加热由木材蒸发出来的蒸汽，使其过热，形成过热蒸汽，并利用其为干燥介质，过热度越大，热量越多，进行木材高热干燥，是一种比较先进的干燥方法，现已推广使用。该法干燥周期短，热量和电力消耗较小，木材干燥比较均匀，但建窑时耗用金属量较大。

8）石蜡油法：将木材置于盛石蜡油的槽内加热，直到木材纤维所获得的温度与槽内石蜡油的温度相同为止，当木材温度达到 120～130℃时，木材内的水分析出，而使木材干燥，它使用于大、中型木材加工厂。该法大大缩短了干燥时间，一般仅需 3～8h，干燥质量好，且不产生裂缝，降低吸湿性、提高抗腐性，但需耗用大量石蜡油。

9）高频电流法：以木材作为电解质，置于高频振荡电路的工作电容器中，在电容的两极板间加上交变电场，随着频繁交变，引起木材分子的极化，分子摩擦产生热量，使木材内部加热，蒸发水分而干燥，它适用于干燥大断面的短毛料、髓心方材，若用普通方法干燥必然产生缺陷时，可用本法。该法材料很快热透，易于控制内外层湿度梯度，干燥时间短，内应力和开裂风险小，但耗电多、成本高。

10）微波法：以木材作为电解质，置于微波电场中，木材的分子在电场中排列方向急速变化，分子间摩擦发热，干燥木材，属于发展中的新技术。该法有干燥速度快、质量好的特点，但耗电多、成本高、运转复杂。

（二）胶　　料

胶料是木制品常用的胶粘剂，大体上可分为动物胶、植物胶和合成树脂胶三类。鳔胶、皮胶、骨胶属动物胶；阿拉伯树胶、古巴胶属植物胶；乳胶属合成树脂胶。

1. 鳔胶

鳔胶俗称猪皮鳔。此胶黏度高抗水性强，被胶接的木料不怕受潮和水泡。

2. 皮胶、骨胶

这两种胶料又称水胶。它是用动物的皮或骨头经熬制后而成的固定胶，这种胶呈黄褐色或茶褐色，半透明且有光泽。胶合过程迅速，有足够的胶合强度，且不易使工具受损（变钝）。缺点是耐水性及抗菌性能差，当胶中含水率达到 20％以上时，容易被菌类腐蚀而变质。

3. 酚醛树脂胶

醇溶性酚醛树脂胶属合成树脂胶，是由醇溶性酚醛树脂加凝固剂配制而成的。酚醛树脂是一种黏稠状物质，凝固剂为磺酸类，应用最多的是苯磺酸。这种胶耐水性能好，待胶完全固化后，即使把被胶合件放在开水中浸煮也不会脱胶。

4. 乳胶

乳胶也叫白胶，即聚醋酸乙烯乳液树脂胶。这种胶呈乳白色。其特点是活性时间（胶液具有粘结性能的时间）较长，胶压前不致凝结，使用方便，不需熬煮，黏着力强，也不怕低温，适合大面积平面的胶合。胶液过浓，使用时可以加少量的水。白胶一般在 6h 左右才能硬结。这种胶抗菌性能好，耐水性能强。

四、常用木工手工工具的操作与维修

目前，木制品加工制作的机械化程度已不断提高，但在施工现场或小规模生产时仍较多采用手工工具。因此熟悉常用手工工具的性能和操作技术是非常必要的。

（一）画线工具和量具

1. 画线工具

木工常用画线工具见表 4-1。

木工常用画线工具　　　　　　　　　　　表 4-1

名称	简　图	用途及说明
铅笔		木工铅笔的笔杆呈椭圆形，使用前将铅心削成扁平形，画线时要使铅心扁平面沿着尺顺画，笔尖宜细不宜粗。另外还有竹笔等
勒线器	勒子档　小刀片　勒子杆　活楔	由勒子档、勒子杆、活楔和小刀片等部分组成。勒子档多用硬木制成，中凿孔以穿勒子杆，杆的一端安装小刀片，杆侧用活楔与勒子档楔紧
墨斗	定针	由圆筒、摇把、线轮和定针等组成。圆筒内装有饱含墨汁的丝绵或棉花，筒身上留有对穿线孔，线轮上绕有线轮，线轮上绕有线绳，一端拴住定针

名称	简　图	用途及说明
墨斗		弹线时，将定针固定在画线的木板的一端，另一端用手指压住，然后拉弹线绳因线绳饱含墨汁，线绳拉弹放下，即留有弹线墨线条
拖线器		由竹片或木板制成，开有各种距离的三角槽口中间用挡块来控制画线尺寸

2. 量具

木工常用量具见表 4-2。量具的使用方法见表 4-3。

木工常用量具　　　　　　　　　　　　　表 4-2

名称	简　图	用途及说明
钢卷尺		由薄钢片制成，装置于钢制或塑料制成的圆盒中。大钢卷尺的规格有长度为 5m、10m、15m、20m、30m、50m 等，小钢卷尺有长 1m、2m、3.5m 等
木折尺		木折尺用质地较好的薄木板制成，可以折叠，携带方便。使用木折尺时，须注意拉直，并贴平物面
角尺		有木制和钢制两种。一般尺柄长 15～20cm，尺翼长 20～40cm，柄、翼互成垂直角，用于画垂直线、平行线及检查平整正直
三角尺		尺的宽度均为 15～20cm，尺翼与尺柄的交角为 90°，其余两角为 45°，用不易变形的木料制成。使用时使尺柄贴紧物面边棱，可画出 45°及垂线

34

名称	简图	用途及说明
活络三角尺	尺柄 尺翼	可任意调整角度，用于画线。尺翼长一般为 30cm，中开有长孔，尺柄端部亦有槽口，以螺栓与尺翼连接。使用时，先调整好角度，再将尺柄贴紧物面边棱，沿尺翼画出所需角度的斜线
水平尺		尺的中部及端部各装有水准管，当水准管内气泡居中时，即成水平。用于检验物面的水平或垂直
线锤		用金属制成的正圆锥体，在其上端中央设有带孔螺栓盖，可系一根细绳，用于校验物面是否垂直。使用时手持绳的上端，锤尖向下自由下垂，视线随绳线，倘绳线与物面上下距离一致，即表示物面为垂直

几种量具的使用方法　　　　表 4-3

名称	作业内容	示意图	说　明
角尺的使用方法	画垂直线		左手握住角尺的尺翼中部，使尺翼的内边紧贴木料的直边，右手执笔，沿角的边线（尺柄外边）画线，即为与直边垂直的线
	画平行线		左手握住角尺的尺翼，使中指卡在所需要的尺寸上，并抵住木料的直边，右手执笔，使笔尖紧贴角尺外角部，同时用无名指和小指拖住短尺边，两手同时用力向后拉画，即画出与木料直边相平行的直线

名称	作业内容	示意图	说　明
角尺的使用方法	画平行线		如用角尺的尺度画平行线，可用左手握住角尺的尺翼，使拇指尖卡在所需要的尺寸上，并抓住木料的直边，右手执笔，笔尖紧贴角尺外角部，两手同时用力向后拉画即成
	卡方	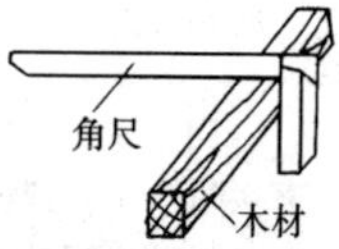	在刨削过程中，检查相邻面是否直角时，可用角尺内角卡在木料角上来回移动进行检验，如果尺的内边与木料两面贴紧，即表示相邻面构成直角
	检查表面平直	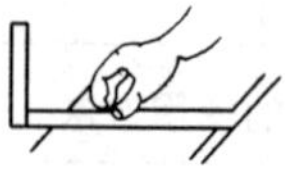	可用手握住角尺的尺翼，将角尺立置于木料面上所要检查的部位，如尺边与木料表面紧贴，并无凹凸缝隙，即知表面已平直
活络三角尺	斜面检查		使用时先将螺栓松动，调整到所需角度，拧紧螺栓，用于校验斜面是否符合要求。图示为六角形体检查方法示例
	画斜向于板边平行线	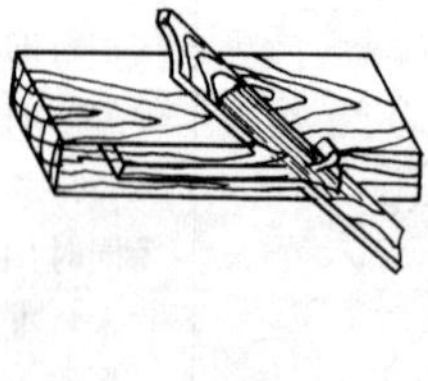	当画斜向于板边平行线，或截成斜向板端具有一定角度的斜度，可调整活络三角尺符合所要求角度进行画线

（二）斧

1. 斧的种类和用途

斧的种类和用途见表 4-4。

斧的种类和用途

表 4-4

名称	简　图	用途及说明
双刃斧		刃锋在中间，能向左或向右两面砍劈木材。一般用于工地支模、做屋架、砍木桩等
单刃斧		刃锋在一面，适合砍，不适合劈，砍时只能向一面砍。吃料容易，木料易砍直，适用于家具制作等

2. 斧的使用

用斧砍削木料时，应注意以下几点：

（1）斧子必须磨得锋利，砍料速度快，省劲省工。用钝的斧子，不仅操作费力，而且容易发生安全事故。

（2）砍料时一定要注意木材的纹理，从顺槎的方向下斧。

斧的使用方法如图 4-1 所示。

（3）砍削时以墨线为准，并要注意留出刨光的厚度；如果木料砍去的部分较厚，应沿墨线每隔 100mm 左右砍一斜口，待斧砍到缺口处，木屑就容易脱落，如图 4-1 所示。如果在地面或案子上砍劈木料时，下面要加垫木板，以免砍伤斧子或木案。

图 4-1　斧的使用方法

（4）短料如遇到节子时，应将木料调头，从另一端再砍。

（5）长料遇到节子时，应从双面砍削，如节子很坚固，则应用锯将其锯掉，不宜硬砍。

（6）时刻注意斧把的牢固，防止斧把脱出伤人。

3. 斧的研磨

用双手食指和中指压住刃口部分（也可一手握住斧把，另一手压住斧刃口），紧贴在磨石上来回推动。研磨时，斧刃面必须磨平、磨直，不得有鼓肚。当刃口磨得发青、平整，口成一直线时，表示刃口已磨得锋利。双刃斧要磨两面，单刃斧只磨有斜度的一面。

（三）锯

1. 锯的种类和用途

锯的种类和用途见表4-5。

锯的种类和用途 表 4-5

类别	简图	名称	锯片长 （mm）	特征	用途
木框锯		粗锯	800～850	纵锯	顺纹锯割较厚的木料
		中锯	600～650	横锯	锯割薄木料或开榫头
		细锯	500以下	纵、横锯	开榫头及拉肩
		曲线锯	400～500	锯曲线	锯一般圆弧曲线
手锯		板锯		纵、横锯	用于锯割较宽的木板

类别	简图	名称	锯片长 (mm)	特征	用途
钢丝锯		弓锯			锯弧度过大的曲线、切割细小空心花饰及开榫头等
开孔锯		线锯			割物件心内的方孔、圆孔
侧锯		割槽锯			在板上切割槽边

2. 锯齿构造

锯齿的功能主要决定其料路、料度和斜度。锯齿的构造特征见表 4-6。

锯齿的构造特征　　　　　　　表 4-6

构造名称		构造简图	说明
料路	左中右三料路	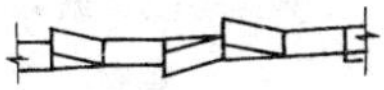	一般纵割锯用此料路
	左中右中三料路		对于锯割潮湿木料或硬木料用此料路
	二料路（人字路）		一般横割锯用此料路
	料度（路度）	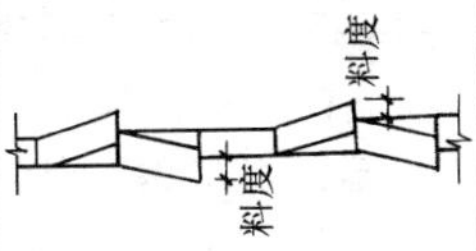	一般纵割锯的料度为锯条厚度的 0.8～1 倍，横割锯的料度为锯条厚度的 1～1.2 倍，如锯割潮湿木料时，其料度宜适当加大

构造名称		构造简图	说明
斜度	纵割锯（顺锯）	前面 10° 后面 60° 100° 80°	为易于切割和排出锯屑，一般纵割锯的斜度约为80°，而横割锯的斜度为90°直角，齿间夹角均为60°
	横割锯（截锯）	前面 60° 后面 90°	拨料时的料路，一般沿锯身前端宜大一点，后端宜小一点，这样不容易夹锯。拨料的关键是掌握一个"匀"字，即齿尖要拨得均匀，在用眼睛检查时，不论是左边还是右边，齿尖都要在一条直线上，不得有突出的齿尖，这样的锯才好使用

3. 锯的使用

使用木框锯之前，要把横梁绳张紧，锯条拨正，木料要放置平稳。

图 4-2　横向锯割姿势

使用方法有横向锯割、纵向锯割和曲线锯割三种。

（1）横向锯割时，操作者应立于木料的左后方左手将木料揿紧，左脚用力踏着木料，右手握框锯上部的锯柄，如图4-2所示。起锯时，为了稳定位置，右手大拇指宜引导锯齿上线，轻轻推拉，等锯齿没入后，再加强推拉力量。向下推时，因锯齿产生锯割作用，故用力要大一些；回拉时因锯齿不起锯割作用，可将锯条稍向外顺势提上。要用力均匀，快锯完时要放慢锯割速度，用于稳住木料的端部，防止木料折断。

（2）纵向锯割时，将弹过墨线的木料放在板凳上，用右脚踏住，右手操锯，将锯钮夹在小指和无名指之间，如图 4-3 所示。开始锯时，用左手拇指引导下锯，锯齿切入后，用左手按住锯条的背部，加速锯身的行动，同时右脚把木料踏住，以防被锯身带起。一般的姿势是上身微俯，可以上下弯动，但不可以左右摇摆，右手肘与右膝盖成垂直状态。锯割时提锯要轻，送锯要重，手腕、肘、肩与腰身同时用力，做有节奏的动作。为了锯割正确，眼睛、锯条和锯缝要三点一直线。

（3）圆弧锯割时，分外圆弧和内圆弧两种，如图 4-4 所示。锯外圆弧时，用右脚踏住工作件的墨线里面，（脚跟稍提起）。锯割时，锯条要与木料垂直，绕不过圆弧线时，不要硬扭，应多锯几次，开出较阔的锯路；锯内圆弧时，在工作件上钻一个适当的小孔，将锯条的上端拆下装进去后，即可进行锯割了。

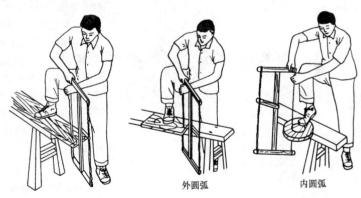

外圆弧   内圆弧

图 4-3　纵向锯割姿势　　　图 4-4　圆弧锯割姿势

4. 锯的维修

锯的维修主要是指对锯齿的修理，应先进行拨料，然后再锉锯齿。其维修用的工具及其使用方法见表 4-7。

名 称		简 图	使用说明
锉锯齿的钢锉	平锉	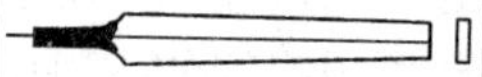	用于锉伐手板锯、架锯等齿尖使之平齐
	三棱锉（三角锉）		用于锉伐架锯锯齿
	刀锉	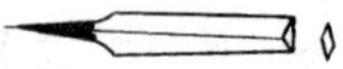	专作锉手板锯用
钢锉锉锯齿的方法	锉锯齿的方向和要求	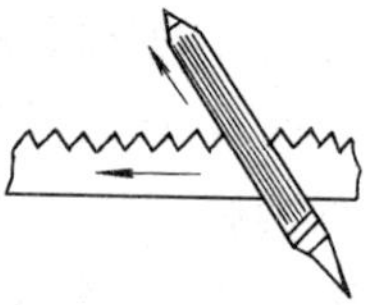	当选用锉刀时，一般根据齿的大小，采用 100～200mm 长的三角锉，用力均匀，不要或轻或重，并注意每个齿尖都在一直线上，尚有不平，则用平锉锉直
	架锯支稳后进行锉齿的姿势	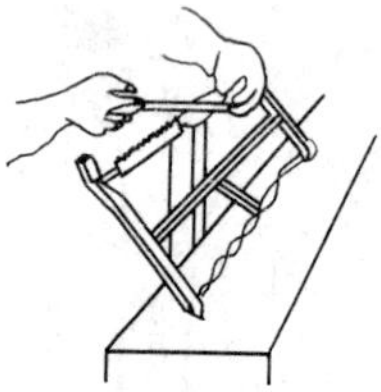	撑稳架锯锯条，两手各持锉刀端部，使锉刀用力向前推，要使锉面对靠锯齿，锉出钢屑，向后回拉时，则轻轻拖过。如果锯齿磨短，影响木屑排出，则须"镗伐"，亦即用锉的边棱，按锯齿的角度进行掏膛，使两齿间夹角加深，锯齿加长
正锯器的使用	正锯器又称正齿器、拨齿器、拨料器、锯齿板头	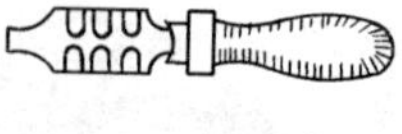	用于校正锯齿，使锯齿朝锯条两面倾斜成为料路。使用拨料器时，是以拨料器的槽口卡住锯齿，用力向左或向右拨开，拨开的程度应符合料度的要求

锉锯要求如下：每个锯齿齿尖要高低平齐，在一条直线上；各齿距要均匀相等，大小一致；锯齿的斜度要正确；齿尖要锉得有棱有角，非常锋利，呈乌青色。

此外，还要对锯架进行维修。如发现绳索、螺母以及木架拉榫处有损坏，应及时调整或修理。

（四）刨

刨是木工重要的工具之一，它的作用是把木材刨削成平直、圆、曲线等不同形状。木材经过刨削后，表面会变得平整光滑，具有一定的精度。

1. 刨的种类和用途

刨的种类和用途见表 4-8。

刨的种类和用途 表 4-8

| 类别 | 简图 | 名称 | 规格尺寸（mm） | | | 用途 |
			L	h	b	
平面刨		粗刨	260	50	60、65	刨去木料上的锯纹、毛槎和个别突出部分，使之大致平整
		中刨	400	50	60、65	将木料刨到需要的尺寸，并使其表面达到基本光洁
		光刨	150	50	60、65	修光木料表面，使其平整光滑
		大刨	600	50	60、65	拼板缝用

类别	简　图	名称	规格尺寸（mm）			用途
			L	h	b	
槽刨		槽刨	200	60	35	是用在木料上刨削沟槽的工具，可刨沟槽的宽度一般为3～10mm，深10～15mm
线刨		线刨	200	50	20～40	专为成品棱角处刨美术线条用
裁口刨		边刨	300	60	40	适合于刨削木构件的裁口
轴刨		滚刨	240			刨削弯曲工作面的工具

平刨是由刨身、刨柄、刨刃、盖铁、刨架、螺栓及木楔等组成，如图4-5所示。

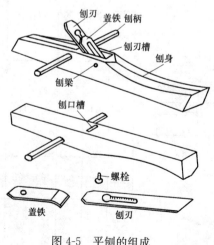

图4-5 平刨的组成

2. 刨的使用

（1）平刨的使用

1）刨刃调整：安装刨刃时，先调整刨刃与盖铁两者之刃口距离，用螺栓拧紧，然后将它插入刨身中，刃口接近刨底，加上木楔，稍往下压，左手捏住刨身左侧棱角处，大拇指在木楔、盖铁和刨刃处，用锤轻敲刨刃，使刨刃刃口露出刨口槽。刃口露出多少要根据刨削量而定，一般为 0.1～0.5mm，最多不超过 1mm，粗刨多一些，细刨少一些。检查刃口的露出量，可用左手拿刨，刨底向上，用单眼沿刨底望去，就可看出。如果刃口露出量太多，需要退出一些，则可轻敲刨身后端，刨刃即可退出，如图 4-6、图 4-7 所示。

图 4-6　进刃　　　　　图 4-7　退刃

如果刨刃刨口一角突出，只需敲刨铁后端同一角的侧面，刃口一角即可缩进。

2）推刨要领：在刨削前，应对材面进行选择。一般选较洁净整齐，纹理清楚的材面作为正面（大面），刨削时要顺木纹推进，这样容易使刨削面平整一致，而且也较省力，逆纹刨削容易发生戗槎现象。

推刨时，用两手的中指、无名指和小拇指紧握手柄，食指紧揿住刨的前身，大拇指推住刨身的手柄，用力向前推进，如图 4-8 所示。操作者的两脚必须立稳，上身略向前倾。刨身要保持

45

平稳，尤其是当刨到木料的前端时，刨身不要翘起或仆下，退回时，应将刨身后部稍微抬起，以免刃口在木料上拖磨，使刃口迟钝，如图 4-9 所示。

图 4-8　推刨

不正确

正确

图 4-9　刨削方法

刨较长的木料当刨完第一刨后，退回刨身，即向前跨一步，从第一刨的终点处接刨第二刨，如此连续向前。

在刨弯曲料时，应先刨凹面，后刨凸面，然后再通长地刨削。

第一个面刨好后，应用眼睛检查木料表面是否平直，如有不平之处要进行修刨，认为无误后，即在第一面上画出大面符号。接着再刨相邻侧面，这个面不但要检查其是否平直，还要用角尺沿着正面来回拖动，检查这两个面是否相互成直角。

（2）槽刨、线刨、裁口刨的使用：槽刨、线刨、裁口刨在使用前要调整好刨刃刃口的露出量。推槽刨姿势与推平刨相同；推线刨及边刨则应一手拿住刨，另一手扶住木料，如图 4-10 所示。

这三种刨的操作方法基本相似，都是向前推送，刨削时不

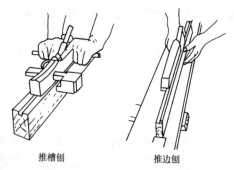

推槽刨　　　　　推边刨

图 4-10　推槽刨、推边刨姿势

要一开始就从后端刨到前端，应先从离前端 150～200mm 处开始向前刨削，再后退同样距离向前刨削。按此方法，人往后退，刨向前推，直到最后将刨从后端一直刨到前端，使所刨的凹槽或线条深浅一致。

3. 刨刃研磨

新购买的刨刃及刨刃用久迟钝或刨刃出现缺口等情况，必须进行研磨，磨刨刃所用的磨石有粗磨石、细磨石、细粗石三种。粗磨石、细磨石适用于磨缺口和平刃斜口面，磨锋利则用细磨石。

磨刨刃时，先在干净、平整的磨石上洒水。用右手捏住刨刃上部，食指伸出压在刨刃上面，左手食指和中指压在刨刃刃口上面，使刃口斜面紧贴磨石面，在磨石面上前推后拉，如图 4-11 所示。前推时要轻微加力用力要均衡，刨刃与研磨面的夹角不要变动，否则容易把刃口斜面磨成弧形。后拉时不要用力否则容易磨坏刃口。

图 4-11　磨刨刃

研磨过程中要勤洒水，及时冲去磨石上的泥浆；也不要总在一处磨，以保持磨石面平整。磨好后的刃锋，看起来是条极细的墨线，刃口发乌青色，刃口斜面很平整。

一般情况下，刨刃刃口的左角容易磨斜，要随时注意左手用力不要太大，左手食指和中指要压在刨刃的中央。研磨时应随时变换前后左右的位置。如果发现磨石面不平时可将其放在平整的水泥地上来回推磨，使其平整。

刃口斜面磨好后，翻转刨刀平放于磨石面上研磨几下，磨去刃口的卷边，最后将刃口的两角在磨石上轻磨几下，即可使用。

4. 刨的维护

为了防止刨刃或刨身受损，在刨削之前要检查和清除木料上的杂质，尤其是铁钉必须拔掉。对硬质或节疤较多的木料，调刃要小些。刨在使用时刨底要经常擦油（机油、植物油均可，以植物油最好）。敲刨身时要敲其后端上方，不要乱敲，以防损坏刨底。木楔不能太紧，以免损坏刨梁。刨用完后，应退松刨刃，如果长期不用，应将刨刃及盖铁退出。要经常检查刨底是否平直、光滑，如果不平整应及时修理，修理方法是：将刨口的镶铁拆除，用细刨进行修理，否则会影响刨削质量。

（五）凿

1. 凿的种类

凿的种类见表 4-9。

凿的种类

表 4-9

种类	简　图	名称	刃口宽度（mm）	用　途
平凿	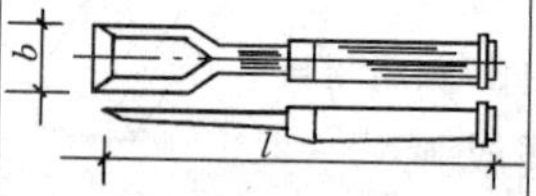	宽刃凿	19mm 以上	适合凿宽眼及深槽
	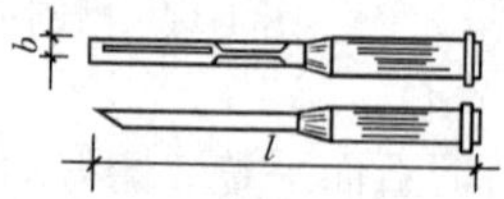	窄刃凿	3～16	适合凿较深的眼及槽
	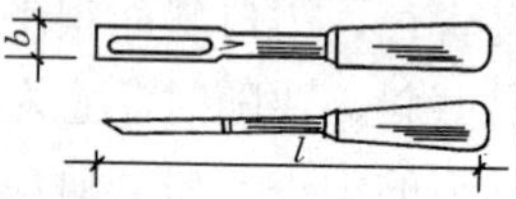	扁铲	12～30	适合切削榫眼的糙面，修理肩、角、线等
斜凿	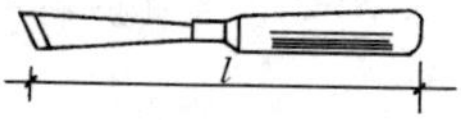	斜刃凿		可作倒楞、剔槽、雕刻之用
圆凿	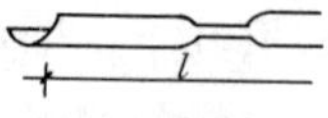	内圆凿		可以切削圆槽
	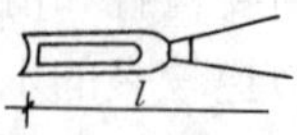	外圆凿		用以凿圆孔及雕刻

2. 凿的使用

将画好榫眼线的木料放在板凳上，用臀部的一边坐在木料上，人坐端正，双眼正对所凿孔眼中心，一手握凿柄，另一手握锤或斧，如图4-12所示。第一凿可在近身离线2～3mm处，凿刃斜面朝身外，不必重敲。拔出凿子后，随即利用凿刃的两个角当"脚"走，在离前凿5～10mm处，将凿扶正放稳，看准猛打，然后将凿柄向身边拉，接着再向外压，即可剔去木屑。当凿到对面线边时，再将凿放回到第一凿位置上猛击一下，剔去全部木屑。凿透榫眼时可将木料翻身，并重复前面动作，将榫眼中间部分首先凿通，再逐步

图4-12　打凿姿势

将榫眼前后壁修直。凿不透的榫眼时，用力要恰当，使最后打入的几凿深度基本一致，必要时用凿进行修整。

在使用凿时应注意以下几点：

（1）一楔晃三晃。右手每击1～2次锤，凿刃打入木料一定深度后，用左手前后晃动凿子。如果只打不晃，则越打越深，凿子就会夹在眼中，不易拔出。

（2）凿半线，留半线，合在一起整一线。即凿眼要与开榫配合。如果开榫锯半线，凿眼也要凿去半线宽，两者合在一起宽度正好为一线，则合榫严密、平整，如图4-13所示。

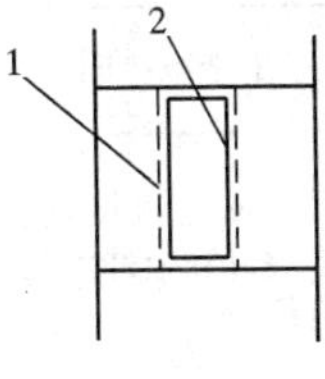

（3）锯不留线凿留线，合在一起整一线。如果开榫不留墨线，则打眼时就要留下墨线，而不能凿半线留半线。

（4）开榫眼，凿两面，先凿背面再正面。一般凿眼时，要先把背面打到一定深度，暂不渣除净，再翻过来打正面，可避免正面

图4-13　榫眼边线
1—眼边留墨线；
2—榫锯去墨线

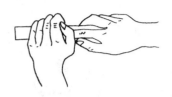

图 4-14 磨凿手势

眼端木材劈裂。

3. 凿的修理

研磨凿刃时，要用右手紧握凿柄，左手横放在右手前面，拿住凿的中部，使凿刃斜面紧贴在磨石面上，用力压住均匀地前后推动（图 4-14），要注意凿刃斜面的角度，如图 4-15 所示。刃口磨锋利后，将凿翻转过来，把平面放在磨石上磨去卷边，将刃口磨成直线，切忌磨成凸形，如图 4-16 所示。

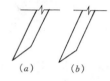

（a）　　（b）

图 4-15　凿刃角度
（a）正确；（b）不正确

（a）　　（b）

图 4-16　凿刃正面
（a）正确；（b）不正确

（六）钻

1. 钻的种类

钻的种类见表 4-10。

钻的种类　　　　　　　表 4-10

名称	简　　图	钻孔直径（mm）	用途及说明
手钻			手持木把直接钻孔，用于装钉五金件前的钻孔定位
螺纹钻		3～6	上下移动钻套，使钻身沿着螺纹方向转动，适用于钻小孔

名称	简　图	钻孔直径 （mm）	用途及说明
弓摇钻		6～20	摇动手把即可钻眼，适用于钻木料上的孔眼
螺旋钻		8～50	木件上钻圆孔
手摇钻		6～20	木件上钻圆孔

2. 钻的使用

（1）手钻的使用：用手紧握钻柄，钻尖对准孔中心，用力扭转，钻头即钻入木料。在硬木上钻孔，要用四角尖锥的手钻。钻时要使手钻与木料垂直。

（2）螺纹钻的使用：一手握住握把，另一手握住套把，钻头对准孔中心，然后将套把上提、下压，使钻梗旋转，钻头即钻入木料内。钻时要使钻梗保持垂直不偏。

（3）弓摇钻、手摇钻的使用：一手握住顶木，另一手将钻头对准孔中心，然后一手用力压住，另一手摇动摇把，按顺时针方向旋转，钻头即钻入木料内，钻进时要使钻头与木料面保持垂直，不要左右摇摆，以免扩大钻孔、折断钻头。如果木料较硬，可将顶木以上身施压，增加钻进速度。钻到孔通时，将倒顺器反向拧紧，摇把按逆时针方向旋转，钻头即行退出。另外也可控制倒顺器开关，顺时针钻头向前旋转，逆时针钻头不动，适用于在墙角等位置钻孔。

（4）螺旋钻的使用：先在木料正反面画出孔的中心，然后将钻头对准孔中心，两手紧握执手，稍加压力向前扭拧。钻到孔深一半以上时，将钻退出，再从反面开始钻，直到钻通为止。当钻径较大，较深，拧转费劲时，可在钻入一定深度后退转钻头，在孔内推拉几下，清除木屑后再钻。垂直或水平方向钻孔时，要使钻杆与木料面保持垂直；斜向钻孔时，应自始至终正确掌握斜向角度。

五、常用木工机械的操作与维修

（一）锯　割　机　械

锯割机械是用来纵向或横向锯割原木或方木的加工机械，一般常用的有带锯机、吊截锯机、手推电锯或圆锯机（圆盘锯）等。这里主要介绍圆锯机的使用与维修。

圆锯机主要用于纵向锯割木材，也可配合带锯机锯割板方材，是建筑工地或小型构件厂应用较广的一种木工机械。

1. 圆锯机的构造

圆锯机由机架、台面、电动机、锯比、防护罩等组成，如图5-1 所示。

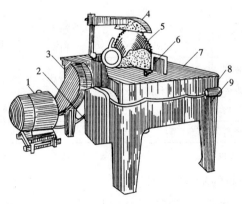

图 5-1　手动进料圆锯机

1—电动机；2—开关盒；3—皮带罩；4—防护罩；
5—锯片；6—锯比；7—台面；8—机架；9—双联按钮

2. 圆锯片

圆锯机所用的圆锯片的两面是平直的，锯齿经过拨料，用来作纵向锯割或横向截断板、方材及原木，是广泛采用的一种锯片。

锯片的规格一般以锯片的直径、中心孔直径或锯片的厚度为基数。

3. 圆锯片的齿形与拨料

圆锯片锯齿形状与锯割木材的软硬、进料速度、光洁度及纵割或横割等有密切关系。常用的几种齿形或齿形角度、齿高及齿距等有关数据见表5-1。锯齿的拨料是将相邻各齿的上部互相向左右拨弯，如图5-2所示。

齿高及齿距　　　　　　　　　　　表 5-1

锯片名称	类型	简图			用途	特征
圆锯片齿形	纵割锯				主要用于纵向锯割，亦用于横割	以纵割为主，但亦可横割，齿形应用较广泛
	横割锯				用于横向锯割	锯割时速度较纵向慢，但较光洁
圆锯片齿形角度	锯割方法	齿形角度			齿高 h	齿距 t	槽底圆弧半径 r
		α	β	γ			
	纵割	30°～35°	35°～45°	15°～20°	$(0.5～0.7)t$	$(8～14)s$	$0.2t$
	横割	35°～45°	45°～55°	5°～10°	$(0.9～1.2)t$	$(7～10)s$	$0.2t$

注：s 为锯片厚度。

正确拨料的基本要求如下：

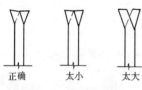

正确　　太小　　太大

图 5-2　锯齿的拨料

（1）所有锯齿的每边拨料量都应相等。

（2）锯齿的弯折处不可在齿的根部，而应在齿高的一半以上处，厚锯约为齿高的 1/3，薄锯为齿高的

54

1/4。弯折线应向锯齿的前面稍微倾斜，所有锯齿的弯折线锯齿尖的距离都应当相等。

（3）拨料大小应与工作条件相适应，每一边的拨料量一般为0.2～0.8mm，约为锯片厚度的1.4～1.9倍，最大不应超过2倍。软料湿材取较大值，硬材与干材取较小值。

（4）锯齿拨料一般采用机械和手工两种方法，目前多以手工拨料为主，即用拨料器或锤打的方法进行。

4. 圆锯机的基本操作

（1）操作前应检查锯片有无断齿或裂纹现象，然后安装锯片。并装好防护罩和安全装置。

（2）安装锯片应与主轴同心其内孔与轴的间隙不应大于0.15～0.2mm，否则会产生离心惯性力，使锯片在旋转中摆动。

（3）法兰盘的夹紧面必须平整，要严格垂直于主轴的旋转中心，同时保持锯片安装牢固。

（4）先检查被锯割的木材表面或裂缝中是否有钉子或石子等坚硬物，以免损伤锯齿，甚至发生伤人事故。

（5）操作时应站在锯片稍左的位置，不应与锯片站在同一直线上，以免木料弹出伤人。

（6）送料不要用力过猛，木料应端平，不要摆动或抬高、压低。

（7）锯到木节处要放慢速度，并应注意防止木节弹出伤人。

（8）纵向破料时，木料要紧靠锯比，不得偏歪；横向截料时，要对准锯料线，端头要锯平齐。

（9）木料锯到尽头，不得用手推按，以防锯伤手指。如系两人操作，下手应待木料出锯台后，方可接位。

（10）木料卡住锯片时应立即停车，再做处理。

（11）锯短料时，必须用推杆送料，以确保安全。

（12）锯台上的碎屑、锯末，应用木棒或其他工具待停机后清理。

（13）锯割作业完成后要及时关闭电门，拔去插头，切断电源，确保安全。

5. 应注意的安全事项

（1）锯片上方必须安装保险挡板和滴水装置，在锯片后面，离齿 10～15mm 处，必须安装弧形楔刀。锯片的安装，应保持与轴同心。

（2）锯片必须锯齿尖锐，不得连续缺齿两个，裂纹长度不得超过 20mm，裂纹末端应冲止裂孔。

（3）被锯木料厚度，以锯片能露出木料 10～20mm 为限，夹持锯片的法兰盘的直径应为锯片直径的 1/4。

（4）启动后，待运转正常后方可进行锯料。送料时不得将木料左右摇摆或高抬，遇木节要缓缓送料。锯料长度应不小于 500mm，接近端头时，应用推棍送料。

（5）操作人员不得站在面对锯片旋转的离心力方向操作，手不得跨越锯片。

（6）如锯片走偏，应逐渐纠正，不得猛扳，以免损坏锯片。

（7）锯片温度过高时，应用水冷却，直径 600mm 以上的锯片，在操作中应喷水冷却。

（二）刨 削 机 械

刨削机械主要有压刨机、平刨机和四面刨床等，这里主要介绍平刨机。

平刨机主要用途是刨削厚度不同等木料表面。平刨经过调整导板，更换刀具，加设模具后，也可用于刨削斜面和曲面，是施工现场用得比较广的一种刨削机械。

1. 平刨机的构造

平刨又名手压刨，它主要由机座、前后台面、刀轴、导板、台面升降机构、防护罩、电动机等组成，如图 5-3 所示。

2. 平刨机安全防护装置

平刨机是用手推工件前进，为了防止操作中伤手，必须装有

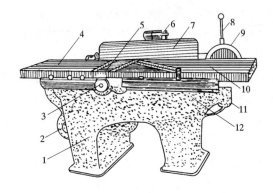

图 5-3　平刨机

1—机座；2—电动机；3—刀轴轴承座；4—工作台面；
5—扇形防护罩；6—导板支架；7—导板；8—前台面
调整手柄；9—刻度盘；10—工作台面；11—电钮；
12—偏心轴架护罩

安全防护装置，确保操作安全。

平刨机的安全防护装置常用的有扇形罩、双护罩（图 5-4）、护指键等。

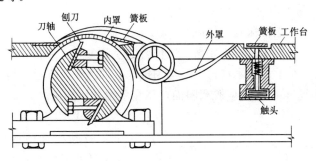

图 5-4　双护罩

3. 刨刀

刨刀有两种：有孔槽的厚刨刀和无孔槽的薄刨刀。厚刨刀用于方刀轴及带弓形盖的圆刀轴；薄刨刀用于带楔形压条的圆刀轴。常用刨刀尺寸是：长度 200～600mm；厚刨刀厚度 7～9mm；薄刨刀厚度 3～4mm。

刨刀变钝一般使用砂轮磨刀机修磨。刨刀的磨修要求达到刨削锋利、角度正确、刃口呈直线等。刃口角度：刨软木为 $35°\sim 37°$，刨硬木为 $37°\sim 40°$。斜度允许误差为 0.02%。修磨时在刨刀的全长上，压力应均匀一致，不宜过重，每次行程磨去的厚度不宜超过 0.015mm，刀口形成时适当减慢速度。磨修时要防止刨刀过热退火，无冷却装置的应用冷水浇注退热。操作人员应站在砂轮旋转方向的侧边，以防止砂轮万一破碎飞出伤人。

为保证刨削木料的质量，需要精确地调整刀刃装置，使各刀刃离转动中心的距离一致。刀刃的位置，一般用平直的木条来检验，将刨刀装在刀轴上后，用木条的纵向放在后台面上伸出刨口，木条端头与刀轴的垂直中心线相交，然后转动刀轴，沿刨刀全长取两头及中间做三点检验，看其伸出量是否一致。

4. 平刨的操作

（1）操作前，应全面检查机械各部件及安全装置是否有松动或失灵现象，如有问题，应修理后使用。

（2）检查刨刃锋利程度，调整刨刃吃刀深度，经试车 1～3min 后，没有问题才能正式操作。

（3）吃刀深度一般调为 1～2mm。

（4）操作时，人要站在工作台的左侧中间，左脚在前，右脚在后，左手压住木料，右手均匀推送，如图 5-5 所示。当右手离刨口 150mm 时即应脱离料面，靠左手用推棒推送。

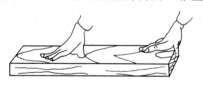

图 5-5　刨料手势

（5）刨削时，先刨大面，后刨小面；木料退回时，不要使木料碰到刨刃。

（6）遇到节子、戗槎、纹理不顺，推送速度要慢，必须思想集中。

（7）刨削较短、较薄的木料时，应用推棍、推板推送，如图 5-6 所示。长度不足 400mm 或薄且窄的小料，不要在平刨上刨削，以免发生伤手事故。

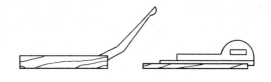

图 5-6　推棍与推板

（8）两人同时操作时，要互相配合，木料过刨刃 300mm 后，下手方可接拉。

（9）操作人员衣袖要扎紧，不得戴手套。

（10）平刨机发生故障，应切断电源仔细检查及时处理，要做到勤检查、勤保养、勤维修。

5. 应注意的安全事项

（1）作业前，检查安装防护装置必须安全有效。

（2）刨料时，手应按在木料的上面，手指必须离开刨口 50mm 以上。严禁用手在木料后端送料跨越刨口进行刨削。

（3）被刨木料的厚度小于 30mm，长度小于 400mm 时，应用压板或压棍推进。厚度在 15mm、长度小于 250mm 的木料，不得在平刨机上加工。

（4）被刨木料如有破裂或硬节等缺陷时，必须处理后再刨削。刨旧料前，必须将料上的钉子、杂物清除干净。遇木槎、节疤要缓慢送料。严禁将手按压节疤上送料。

（5）刀片和刀片螺栓的厚度、重量必须一致。刀架夹板必须平整贴紧，合金刀片焊缝的高度不得超出刀头，刀片紧固螺栓硬嵌入刀片槽内。槽端离刀背不得小于 10mm。紧固刀片螺栓时，用力要均匀一致，不得过松和过紧。

（6）机械运转时，不得将手伸进安全挡板里侧去移动挡板或拆除安全挡板进行刨削。严禁戴手套操作。

（三）轻便机械

轻便机具用以代替手工工具，用电或压缩空气作动力，可以减轻劳动强度，加快施工进度，保证工程质量。轻便机具总的特点是：重量轻，大部分机具单手自由操作；体积小，便于携带与灵活运用；工效快，与手工工具相比，具有明显的优势。常用的有：手锯、手电刨、钻、电动起子机、电动砂光机等。

1. 锯

（1）曲线锯：又称反复锯，分水平和垂直曲线锯两种，如图5-7所示。

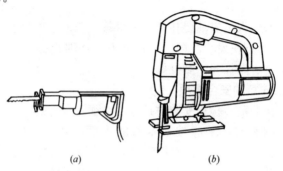

（a）　　　　　　　　　　（b）

图 5-7　电动曲线锯

（a）水平曲线锯；（b）垂直曲线锯

对不同种材料，应选用不同的锯条，中、粗齿锯条适用于锯割木材；中齿锯条适用于锯割有色金属板、压层板；细齿锯条适用于锯割钢板。

曲线锯可以作中心切割(如开孔)、直线切割、圆形或弧形切割。

操作中不能强制推动锯条前进，不要弯折锯片，使用中不要覆盖排气孔，不要在开动中更换零件、润滑或调节速度等。操作时人体与锯条要保持一定的距离，运动部件未完全停下时不要把机体放倒。

对曲线锯要注意经常维护保养，要使用与金属铭牌上相同的电压。

（2）电动圆锯如图5-8所示。

电锯的锯片有圆形的钢锯片和砂轮锯片两种。钢锯片多用于锯割木材，砂轮锯片用于锯割铝、铝合金、钢铁等。

操作中要注意的事项同曲线锯。

2. 手电刨

手提式木工电动刨如图 5-9 所示。手电刨多用于木装修，专门刨削木材表面。

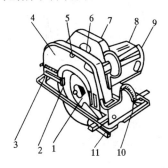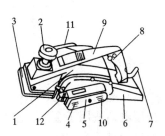

图 5-8　手提式木工电动圆锯
1—锯片；2—安全护罩；3—底架；4—上罩壳；5—锯切深度调整装置；6—开关；7—接线盒手柄；8—电机罩壳；9—操作手柄；10—锯切角度调整装置；11—靠山

图 5-9　手提式木工电动刨
1—罩壳；2—调节螺母；3—前座板；4—主轴；5—皮带罩壳；6—后座板；7—接线头；8—开关；9—手柄；10—电机轴；11—木屑出口；12—碳刷

使用方法及注意事项：

（1）两刨刀必须同时装上并且位置准确，刀口必须与底板成同一平面，伸出高度一致。

（2）刨削毛糙的表面，顺时针转动机头调节螺母，先取用较大的刨削深度，并用较慢的推进速度，刨出平整面后，再用较小的刨削深度，即逆时针转动调节螺母，并用适当的速度均匀地刨削。

（3）刨刀的刀刃必须锐利。

（4）电刨必须经常保持清洁，使用完毕后应进行清理。

（5）使用时要戴绝缘手套，以防触电。

3. 钻

手提式电钻基本上分为两种：一种是微型电钻；另一种是电

动冲击钻，如图 5-10、图 5-11 所示。

 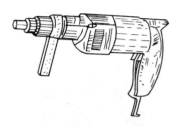

图 5-10　微型电钻　　　　图 5-11　电动冲击钻

手提式电钻是开孔、钻孔、固定的理想工具。

微型电钻适用于金属、塑料、木材等钻孔，电子型号不同，钻孔的最大直径为 13mm。

电动冲击钻适用于金属、塑料、木材、混凝土、砖墙等钻孔，最大直径可达 22mm。

电动冲击钻是可以调节并旋转带冲击的特种电钻。当把旋钮调到旋转位置，装上钻头，像普通电钻一样，可以对部件进行钻孔。如果把旋钮调到冲击位置，装上合金冲击钻头，可以对混凝土、砖墙进行钻孔。

操作时先接上电源，双手端正机体，将钻头对准钻孔中心，打开开关，双手加压，以增加钻入速度。操作时要戴好绝缘手套，防止电钻漏电发生触电事故。

4. 电动起子机

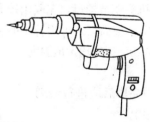

电动起子机具有正反转按钮，主要作用是紧固木螺栓和螺母，如图 5-12 所示。

5. 电动砂光机

电动砂光机的主要作用是将工件表面磨光。操作时，拿起砂光机（图 5-13）离开工件并启动电机，当

图 5-12　电动起子机

电机达到最大转速时，以稍微向前的动作把砂光机放在工件上，先让主动滚轴接触工件，向前一动后，就让平板部分充分接触工件。砂光机平行于木材的纹理来回移动，前后轨迹稍微搭接。不要给机具施加压力或停留在一个地方，以免造成凹凸不平。

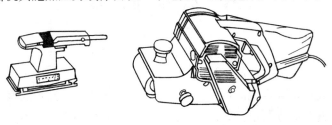

图 5-13　砂光机

为达到木制品表面磨光要求，可用粗砂先做快磨，用细砂磨最后一遍。安装和调换砂带时，一定要切断电源。

6. 应注意的安全事项

（1）操作人员必须戴绝缘手套、穿绝缘鞋或站在绝缘垫上。

（2）刀具应刃磨锋利，完好无损、安装正确、牢固。机具上传动部分不许有防护罩，作业时不得随意拆卸。

（3）启动后，空载运转并检查工具联动应灵活无阻，操作时加力要平稳，不得用力过猛；不得用手触摸刃具、模具、砂轮。发现磨钝、破损情况时，立即停机修换。

（4）作业时间过长，应待冷却后再行作业。发现异常现象，应立即停机检查。

六、水 准 测 量

（一）水准仪的使用

高程是确定地面点位的要素之一。测定地面点高程的测量工作，称为高程测量。高程测量使用的仪器和施测方法的不同，而分为水准测量、三角高程测量和气压高程测量。水准测量是精确测定地面点高程的一种主要方法。本章着重介绍水准测量原理，微倾水准仪的构造、使用、检验与校正。

1. 水准测量原理

水准测量原理是利用水准仪提供一条水平线，借助竖立在地面点上的水准尺，直接测定地面上各点间的高差，然后根据其中一点的已知高程推算其他各点的高程，如图 6-1 所示。设已知 A 点的高程 H_A，欲测定 B 点的高程 H_B，则可在 A、B 两点上各竖立一根有刻画的水准尺，在其间安置一架水准仪，用水准仪的水平视线分别读取 A、B 尺上的读数 a、b，则 B 点对 A 点的高差为：

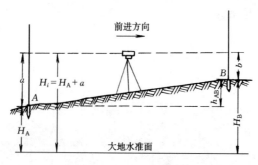

图 6-1　水准测量的原理

$$h_{AB} = a - b \qquad\qquad (6\text{-}1)$$

则 B 点的高程为： $\qquad H_B = H_A + h_{AB} \qquad\qquad (6\text{-}2)$

如果测量是由 A 点向 B 点前进，我们称 A 点为后视点，B 点为前视点，a、b 分别为后视读数与前视读数。因此，地面上两点间的高差，等于后视读数减去前视读数。高差有正、有负。当 h_{AB} 为正值时，表示 B 点高于 A 点，h_{AB} 为负值时，表示 B 点低于 A 点。在计算高程时，高差应连同其符号一并运算。在书写 h_{AB} 时，必须注意 h 的下标，h_{AB} 表示 B 点对于 A 点的高差。

B 点的高差也可以通过仪器的视线高程 H_i 求得。如图 6-1 所示：

$$H_i = H_A + a \qquad\qquad (6\text{-}3)$$

$$H_B = H_i - b \qquad\qquad (6\text{-}4)$$

即：已知点高程加后视读数等于视线高程，视线高度减去前视读数等于欲求点高程。由式（6-2）根据高差推算高程，称为高差法；由式（6-4）利用视线高程推算高程，称为视线高法。当只需安置一次仪器就能确定若干个地面点高程时，使用视线高法比较方便。视线高法在建筑工程测量中被广泛应用。

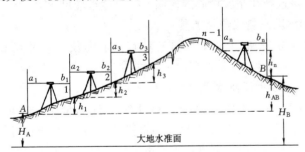

图 6-2　复合水准测量

图 6-1 表示安置一次仪器，称为一个测站，就能测得两点间的高差。如图 6-2 所示，如果 A、B 两点相距较远或高差较大时，就要在两点间，临时选定若干点作为临时传递高程的立尺点，并依次连续地测出各相邻点间的高差 h_1、h_2……h_n，才能求

得 A、B 两点间的高差。由图 6-2 中应用式（6-1）可写出：

$$h_1 = a_1 - b_1$$

$$h_2 = a_2 - b_2$$

$$\cdots\cdots$$

$$h_n = a_n - b_n$$

将以上各段高差相加，则得 A、B 两点间的高差：

$$h_{AB} = h_1 + h_2 + h_3 \cdots\cdots h_n = \sum h \tag{6-5}$$

或：　$h_{AB} = (a_1 - b_1) + (a_2 - b_2) \cdots\cdots (a_n - b_n)$

$$= \sum a - \sum b \tag{6-6}$$

B 点的高程为：

$$H_B = H_A + \sum h \tag{6-7}$$

从式（6-5）和式（6-6）可得出：终点对起点的高差，等于中间各段高差的代数和，或者等于各测站后视读数总和减前视读数总和。

图 6-2 中 1、2 $\cdots\cdots n-1$ 各点是水准测量过程中临时选定的立尺点，其点上即有前视读数，又有后视读数，这些点称为转点，常用字母 T_P 表示。转点在水准测量中起传递高程的重要作用，应该选择在坚实稳固的地面上，以免水准尺下沉。

2. 水准测量仪器及工具

水准测量所用的仪器和工具有：水准仪、水准尺和尺垫三种。

（1）DS$_3$ 型微倾水准仪

DS$_3$ 是一种光学水准仪，在建筑工程测量中，经常使用。"D"和"S"分别为大地测量和水准仪的汉语拼音的第一个字母，"3"为用该类仪器进行水准测量每公里往、返测得高差中数的偶然误差为 ±3mm。它是由望远镜、水准器和基座等部件构成，如图 6-3 所示。

1）望远镜：望远镜是构成水平视线、瞄准目标并对准水准尺进行读数的主要部件。图 6-4 为内对光望远镜。它是由物镜、对光透镜、十字丝网和目镜等部分组成。物镜的作用是使远处目

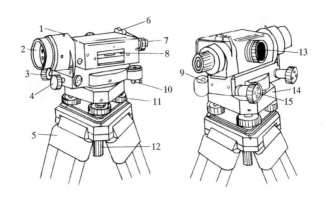

图 6-3　光学水准仪

1—准星；2—物镜；3—微动螺旋；4—制动螺旋；5—三脚架；
6—照门；7—目镜；8—水准管；9—圆水准器；10—圆水准校
正螺旋；11—脚螺旋；12—连接螺旋；13—对光螺旋；14—基座；
15—微倾螺旋

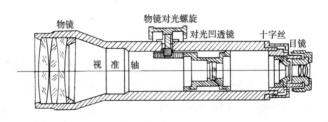

图 6-4　内对光望远镜

标（水准尺）在望远镜内成倒立而缩小的实像，转动目镜对光螺旋，对光凹透镜便沿着光轴方向前后移动，使成像落在十字丝网平面上，十字丝网用来照准目标和读取水准尺上读数。目镜的作用是将十字丝网及其上面的成像放大成虚像。转动目镜对光螺旋，可使十字丝及成像清晰。图 6-5 为望远镜成像原理图。

　　十字丝网是刻在玻璃上相互垂直的两条细丝。竖直的一条称为纵丝，中间横的一条称为横丝（又称中丝）。横丝上、下还有两条对称的用来测定距离的横丝，称为视距丝。图 6-6 为十字丝网构造图。十字丝交点与物镜光心的连线，称为望远镜的视

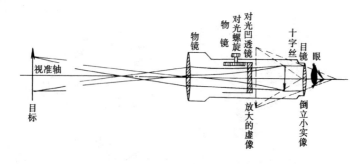

图 6-5　望远镜成像原理图

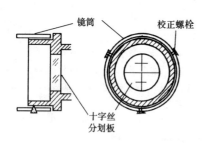

图 6-6　十字丝网构造图

准轴。

2）水准器：水准器是整平仪器的装置，有水准管和圆水准器两种。

①水准管：如图 6-7 所示，水准管是用玻璃管制成的，玻璃管内壁研磨成一定半径的圆弧，管内注满酒精或乙醚之类的液体，加热融封，冷却后形成气泡，气泡较液体轻，故气泡永远处于管内的最高处。水准管的两端各刻有数条间隔 2mm 的分画线，分画线的对称中心，称为水准管零点，过零点与圆弧相切的切线（LL），称为水准管轴。当气泡居中时，这时水准管轴处于水平位置，若水准管轴平行于视准轴，视准轴也处于水平位置。

为了提高水准管气泡居中的精度，设置一组棱镜，如图 6-8（a）

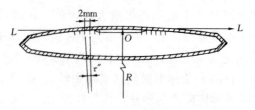

图 6-7　水准管

68

所示。气泡两端的半边影像，通过棱镜的反射作用，反映到望远镜目镜旁边的气泡观察窗内。如图6-8（b）所示，气泡两端半边影像符合在一起，即气泡居中。

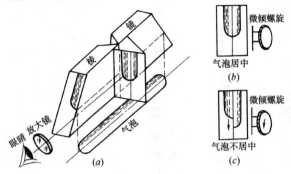

图 6-8　符合水准泡的观察

②圆水准器：圆水准器装在仪器的基座上，用来对水准仪进行粗略整平，如图 6-9 所示。圆水准器为一密闭的玻璃圆盒，它的顶面内壁研磨成球面，中央刻有小圆圈，圆圈中心称为圆水准器零点，零点与球心的连线（$L'L'$），称为圆心水准器轴。水准盒内装有酒精或乙醚之类的液体，并留有小气泡。当气泡居中，此时圆水准器轴处于竖直位置。若圆水准器轴平行于仪器竖轴，则气泡居中竖轴就处于竖直方向。

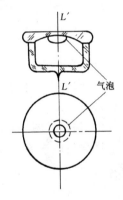

图 6-9　圆水准器

3）基座：基座的作用是支撑仪器上部，并通过连接螺旋与三脚架连接。基座主要由轴座、脚螺旋、底板和三角压板构成。转动脚螺旋，可使圆水准器气泡居中，使仪器竖轴处于竖直位置。

（2）水准尺

水准尺是进行水准测量的重要工具，常用的水准尺有双面水

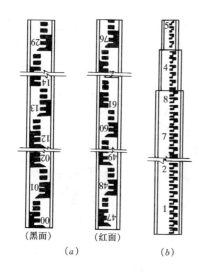

图 6-10　水准尺

(a) 双面水准尺；(b) 塔尺

准尺和塔尺两种。

1）双面水准尺（图 6-10a）

双面水准尺可用于三、四等水准测量，其尺长为 3m，尺的两面均有刻画，一面漆或黑白格相间的厘米分划，称为黑面尺。尺底从零点起算，每分米处注有数字，数字采用倒注形式，使其在倒像望远镜中成正字，便于读数。另一面漆成红白格相间的厘米分划，称为红面尺，尺底以 4.687m 或 4.787m 起算，4.687m 或 4.787m 就是该尺黑、红面零点差。因此，在视线高度不变的情况下，读取同一根水准尺黑、红两面的读数，其差值是常数 4.687m 或 4.787m。测量时，既以此检查读数是否正确。

2）塔尺（图 6-10b）

塔尺仅用于等外水准测量中，其长度为 5m，分三节套接而成，可以伸缩，尺底从零起算，尺面漆成黑白格相间的厘米分划，有的为 0.5cm 分划，每米和分米处皆注有数字。注字有正字和倒字两种。

3）尺垫（图 6-11）

尺垫由生铁铸成，一般为三角形或圆形的板座，其下方有三只脚，可以踏入土中；尺垫上方有一突起的半球体，作为水准测量时竖立水准尺和标志转点用。

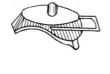

图 6-11　尺垫

3. 水准仪的使用

使用微倾水准仪的基本操作程序为：安置仪器粗略整平→调焦和照准→精确整平→读数。

（1）安置仪器和粗平

首先，在测站上松开架脚的固定螺旋，按需要的高度调整架腿长度，再拧紧固定螺旋，再张开三脚架，然后从仪器箱中取出水准仪，用连接螺旋将仪器固定在三脚架头上。将脚架两条腿的腿尖踏实，用手持第三条脚前后或左右移动，使圆水准器气泡大致居中，并将此脚尖踏实，再转动脚螺旋使圆水准器气泡居中。此时，望远镜视准轴大致处于水平位置，故称为粗平。

利用脚螺旋使圆水准器气泡居中的操作步骤是：如图 6-12 所示，先用两手按箭头所指的相对方向转动脚螺旋 1 和 2，使气泡沿着 1、2 连线方向由 a 移至 b，再用左手按箭头所指方向转动脚螺旋 3，使气泡由 b 移至中心。

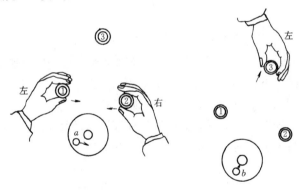

图 6-12　圆水准器的调节

整平时注意气泡移动的方向与左手大拇指转动脚螺旋的方向一致。

（2）调焦和照准

1）目镜调焦也叫对光。把望远镜对向明亮的背景，转动目镜对光螺旋，使十字丝成像最清晰。

2）概略照准：先松开制动螺旋，旋转望远镜使照门和准星的连线对准水准尺，再旋紧制动螺旋，把望远镜固定。

3）物镜调焦：转动物镜对光螺旋，使水准尺的像最清晰，然后转动微动螺旋，使十字丝纵丝照准水准尺边缘或中央，如图6-13所示。

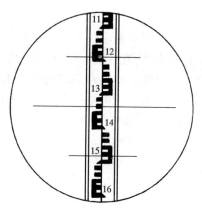

图 6-13　十字丝纵丝照准水准尺中央

4）消除视差：当尺像与十字丝网平面不重合时，眼睛靠近目镜微微上下移动，可看见十字丝的横丝在水准尺上的读数随之变动，如图6-14（a）所示，这种现象叫视差。因此，它将影响读数的正确性。消除视差的办法是仔细地转动物镜对光螺旋，直至尺像与十字丝网平面重合，如图6-14（b）所示。

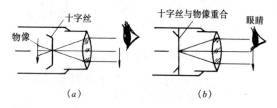

图 6-14　消除视差

（3）精平和读数

眼睛从符合水准气泡观察窗中观察气泡，用右手缓慢而均匀地转动微倾螺旋，使气泡两端的像重合，参见图6-8(b)。微倾螺旋的旋转方向与左侧半气泡头影像的移动方向一致，如图6-15所示。

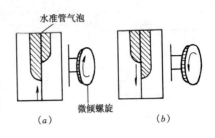

图6-15　对准气泡

当符合水准器气泡居中时，应立即根据中丝读取读数，读数以注字为准，由大到小的顺序读取米、分米、厘米、估读到毫米。在读取数时，要注意在望远镜中看到的都是倒像，所以在尺上是从上到下的顺序读取。例如图6-13所示读数是1.336m，当分米注记上有红点时，不要漏读点数，以免读错米数。

4. 水准测量方法

（1）水准点和水准路线

1）水准点：为了统一全国的高程系统，满足各种比例测图、各项工程建设以及科学研究的需要，在全国各地埋设了许多固定的高程标志，称为水准点，常用"BM"表示。水准测量通常是从某一已知高程的水准点开始，引测其他点的高程。国家等级水准点一般用混凝土制成，顶部凿入半球状金属标志。半球状标志顶点表示水准点的高程和位置，如图6-16（a）所示。有的用金

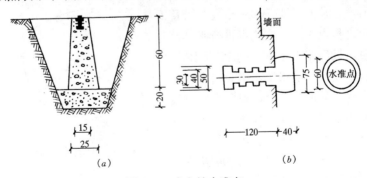

图6-16　永久性水准点

（a）国家等级水准点；（b）墙上水准点

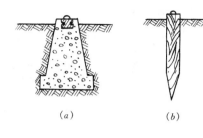

（a）　　　　　　　　（b）

图 6-17　临时性水准点

（a）永久性水准点；（b）临时性水准点

属标志埋设于基础稳定的建筑物墙脚上，称为墙上水准点，如图 6-16（b）所示。

建筑工地上的永久性水准点，一般用混凝土制成，顶部嵌入半球状金属标志，其形式如图 6-17（a）所示，临时性水准点可用大木桩打入地下，桩面钉以半球状的金属圆帽钉，如图 6-17（b）所示。

2）水准路线：在水准测量中，为了避免观测、记录和计算中发生人为误差，保证测量成果达到一定的精度要求，必须布设某种形式的水准路线，利用一定的条件来检核所测成果的正确性。在一般的工程测量中，水准路线主要有以下三种形式。

①闭合水准路线：如图 6-18 所示，从水准点 BMA 出发，沿待定高程点 1、2、3、4 诸点进行水准测量，最后回到原出发点 BMA 的环形路线，称为闭合水准路线，从理论上讲，路线上各点之间的高差代数和应等于零。

②附合水准路线：如图 6-19 所示，从水准点 BMA 出发，沿待定高程点 1、2、3 诸点进行水准测量，最后附合到另一水准点 BMB 所构成的水准路线，称为附合水准路线。从理论上说，附合水准路线上各点间高差的代数和，应等于两个高级水准点间的已知高差。

③支线水准路线：如图 6-18 中的 5 点，从已知水准点 3 出发，沿待定高程点 5 进行水准测量，这样既不闭合又不附合的水准路线，称为支线水准路线，支

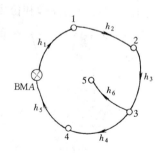

图 6-18　闭合水准路线

图 6-19　附合水准路线

线水准路线要进行往、返观测，以资检验。

（2）水准测量的方法和记录

水准点埋设完毕，即可按拟定的水准路线进行水准测量。现以图 6-20 为例，介绍水准测量的具体做法。图中 BMA 为已知高程的水准点，Ⅰ、Ⅱ为特引测高程新埋设的水准点。

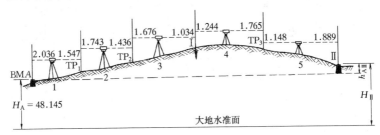

图 6-20　水准测量实例

作业时，先在水准点 BMA 上立尺，作为后视尺，再沿着水准路线方向，选择一测站点安置仪器，同时选择适当位置踏实尺垫，作为转点 TP_1，然后在尺垫上立前视尺，接着进行观测，水准仪至前、后视标尺的距离应尽可能相等。视线长度，最长不应超过 100m。在第一测站上的观测程序为：

1）安置仪器，使圆水准器气泡居中。

2）照准后视（A 点）尺，并转动微倾螺旋使水准管气泡精确居中，用中丝读后视尺读数 $a_1 = 2.036$ 记录员复诵后记入手簿，见表 6-1。

3）照准前视（即转点 TP_1）尺，精平，读前视尺读数 $b_1 = 1.547$。记录员复诵后记入手簿，（表 6-1），并计算出 A 点与转点 TP_1 之间的高差：

$$h=2.036-1.547=+0.489$$

当第一个测站测完后，随即将水准仪移至第二测站，A 点的水准尺前移至转点 TP₂ 上作为前视尺，第一测站的前视尺在转点 TP₁ 原处不动，将尺面反转过来，作为第二测站的后视尺，接着进行第二站观测。如此连续观测的记录和计算的成果见表6-1。

水准测量手簿　　　　　　表 6-1

测站	点号	后视读数	前视读数	高差		高程	备注
				+	−		
1	BMA	2.036				48.145	
2	TP₁	1.743	1.547	0.489			
3	TP₂	1.676	1.436	0.307			
4	I	1.244	1.034	0.642		49.583	
5	TP₃	1.148	1.765		0.521		
	II		1.889		0.741	48.321	
计算检核		∑ 7.847 −7.671	∑ 7.671	∑+1.438 −1.262	∑ −1.262	48.321 −48.145	
		+0.176		+0.176		+0.176	

（二）一般工程水准测量

一般建筑工程的水准测量就是将水准测量的测量原理和测量方法应用到工程实际。根据工程的需要测设出施工的依据，为工程施工定出质量控制手段。

1. 测设已知高程的点

测设给定的高程是根据附近一个已知高程的水准点，用水准测量的方法，将设计高程测设到地面上。施工现场的±0.000 的测量就是属于这种测量。因为±0.000 在施工图中给出其高程是已知高程，设计部门给出的高程为已知高程的水准点，根据已知高程设计水准点。将建筑物的±0.000测量确定。

如图6-21所示，将水准仪安置在已知水准点 A 和待测设点 B 之间，后视 A 点水准尺的读数为 a，要在木桩上标出 B 点设计高程 H_B 位置，则 B 点的前视读数 b 应为视线高减去设计高程，即 $b_{应}=(H_A+a)-H_B$。

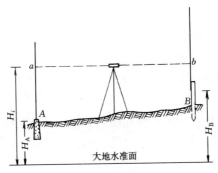

图6-21　水准测量例1

【例6-1】 如某工程，设计部门给出的已知高程为 +5.42m，而施工图±0.000相当于+5.12m，在进行引测时，将塔尺立在已知高程 A 点上的后视读数 $a=1.52$m，求±0.000的前视读数为多少？

【解】 $H_A=5.42$m　　$H_B=5.12$m

$a=1.52$m

±0.000的前视读数 $b_{应}=(H_A+a)-H_B$

$$=(5.42+1.52)-5.12$$

$$=1.82\text{m}$$

测设时，将 B 点水准尺贴靠在木桩上的一侧，上、下移动尺子，直至尺读数为 $b_{应}$ 时，再沿尺底面在木桩侧面画出一红线，此线即为设计高程 H_B 的位置。

若测设的高程点和水准点之间的高差很大时，可用悬挂钢卷尺来代替水准尺，以测设给定的高程。如图6-21所示，设已知

水准点 A 的高程为 H_A，要在基坑内侧测设出高程为 H_B 的 B 点位置。现在悬挂一根带重锤的钢卷尺，零点在下端，先在地面上安置水准仪，后视 A 点读数 a_1，前视钢尺读数 b_1；再在坑内安置水准仪，后视钢尺读数 a_2，当前视尺读数恰在 b_2 时，沿尺子底面在基坑侧面钉设木桩，则木桩顶面即为 B 点设计高程为 H_B 的位置。B 点应读前视尺读数 b_2 为：

$$b_2 = H_A + a_1 - b_1 + a_2 - H_B$$

2. 墙体工程施工测量

（1）皮数杆的设置

在墙体砌筑施工中，墙身上各部位的标高通常是用皮数杆来控制和传递的。

皮数杆是根据建筑物剖面图画有每皮砖和灰缝的厚度，并注明墙体上窗台、门窗洞口、过梁、雨篷、圈梁、楼板等构件高度位置的专用木杆，如图 6-22 所示。在墙体施工中，用皮数杆可以控制墙身各部位构件的准确位置，并保证每皮砖灰缝厚度均匀，每皮砖都处在同一水平面上。

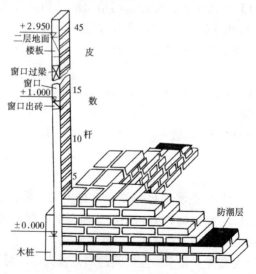

图 6-22　皮数杆设立

皮数杆一般都立在建筑物转角和隔墙处（图6-22）。立皮数杆时，先在地面上打一木桩，用水准仪测出±0.00标高位置，并画出一横线作为标志；然后，把皮数杆上的±0.00与木桩上±0.00对齐，钉牢。皮数杆钉好后要用水准仪进行检测，并用垂球来校正皮数杆的竖直。为施工方便，采用里脚手架砌砖时，皮数杆应立在墙外侧；如采用外脚手架时，皮数杆应立在墙内侧；如采用框架或钢筋混凝土柱间墙时，每层皮数可直接画在构件上，而不立皮数杆。

（2）轴线投测

一般建筑在施工中，常用悬吊垂球法将轴线逐层向上投测。其做法是：将较重垂球悬吊在楼板或柱顶边缘，当垂球尖对准基础上定位轴线时，线在楼板或柱顶边缘的位置即为楼层轴线端点位置，画一短线作为标志；同样投测轴线另一端点，两端的连线即为定位轴线。同法投测其他轴线，再用钢尺校核各轴线的间距，然后继续施工，并把轴线逐层自下向上传递。为减少误差累积，宜在每砌两、三层后，用经纬仪把地面上的轴线投测到楼板或柱上去，以校核逐层传递的轴线位置是否正确。悬吊垂球简便易行，不受场地限制，一般能保证施工质量。但是，当有风或建筑物层数较多时，用垂球投测轴线误差较大。

（3）高程传递

一般建筑物可用皮数杆来传递高程。对于高程传递要求较高的建筑物，通常用钢尺直接丈量来传递高程。一般是在底层墙身砌筑到1.5m高后，用水准仪在内墙面上测设一条高出室内地坪+0.500m的水平线，作为该层地面施工及室内装修时的标高控制线。对于二层以上各层，同样在墙身砌到1.5m以后，一般从楼梯间用钢尺从下层的+0.5m标高线向上量取一段等于该层层高的距离，并作标志。然后，再用水准仪测设出上一层的+0.5m标高线。这样用钢尺逐层向上引测。根据具体情况也可采用悬挂钢尺代替水准尺，用水准仪读数，从下向上传递高程。如图6-23所示，由地面上已知高程点 A，向建筑物数面 B 传递高程，先从楼面向下悬挂一支钢尺，钢尺下端悬一重锤。在观测时为了使钢尺比较稳定，可将重锤浸于一盛满水的容器中，然后在地面及楼面各置一台水准仪，按水准测量方法同时读得 a_1、b_1 和 a_2、b_2 则楼面上 B 点的高程 H_B 为：

$$H_B = H_A + a_1 - b_1 + a_2 - b_2$$

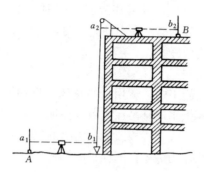

图 6-23　高程传递

七、榫的制作、拼缝及配料

（一）榫的制作

1. 榫结合

榫结合的基本类型见表7-1。

表 7-1

榫结合的基本类型

名称		简图	说明
榫头及各部位名称		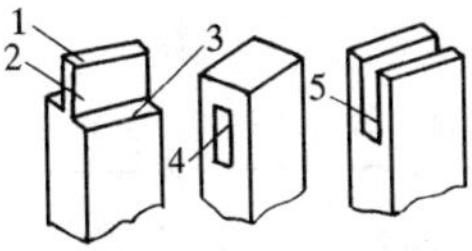	1—榫端；2—榫颊；3—榫肩；4—榫眼；5—榫槽
榫结合的基本类型	按榫头及本身角度区分	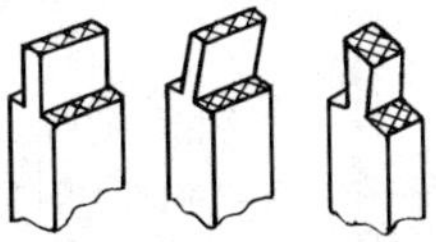 直榫　斜榫　燕尾榫	直榫应用广泛，斜榫很少采用；燕尾榫比较牢固，榫肩的倾斜度不得大于10°，否则易发生剪切破坏
	按榫头与方材本身的整体性分	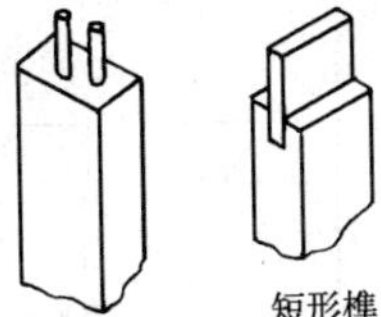 圆榫　　短形榫	圆榫可以节约木料，且可省去开榫、割肩等工序。在两个连接工件上钻眼即可结合。短形榫工艺简单，可提高工效
	按榫槽顶面是否开口区分	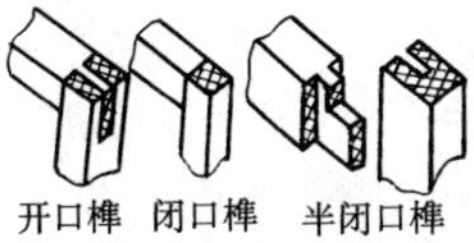 开口榫　闭口榫　半闭口榫	直角开口榫接触面积大，强度高，但榫头一个侧面外露，影响美观；闭口榫接合强度较差，一般用于受力较小的部位；半闭口榫应用较广泛

名称		简图	说明
榫结合的基本类型	按榫头贯通与否区分	明榫　暗榫	明榫榫眼穿开，榫头贯通，加榫后结实、牢固，应用较广泛；暗榫不露榫头、外表较美观，但连接强度较差
	按榫头多少区分	单榫、双榫　多榫	一般框架多用于单榫、双榫。箱柜或抽屉则常用多榫，榫头多少与断面大小成一定比例

2. 框结合

框结合见表7-2。

框　结　合　　　　　　　　　　　表7-2

名称	简图	说明
十字形结合		十字相接的两根木料，在结合相对部位各切对称的半口，结合后加木梢紧固。常用于互相交叉的撑子
丁字形结合		一根方木上作榫槽，另一根方木上作单肩榫头，加工简单、方便，为增加结合强度，须带胶粘结和附加钉或木螺钉
双肩形丁字结合		有两种结合形式，一种是中间插入，另一种是中间暗插，可根据木料的厚度及结构要求选用

名称	简图	说明
燕尾榫丁字结合	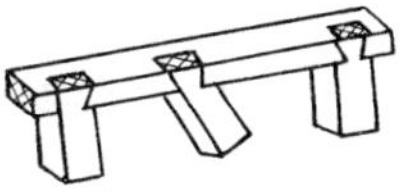	一根方木一侧做成燕尾榫槽，另一根作单肩燕尾榫头，用于框里横、竖斜撑的结合
直角柄榫结合		在非装饰的表面，常用钉或销作附加紧固，结合较牢靠，用于中级框的结合
两面斜角结合	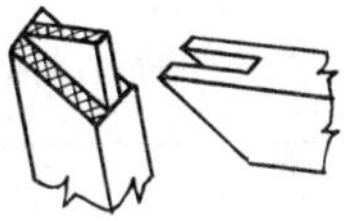	双肩均作为45°的斜肩，榫端露明。适用于一般斜角结合，应用广泛
平纳接	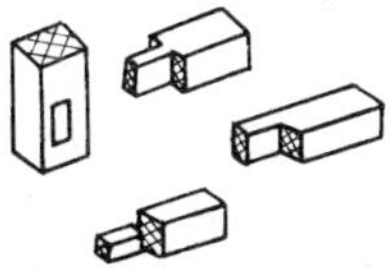	顶面不露榫，但榫头贯通，应用于表面要求不高的各种框架角结合

3. 板的榫结合

板的榫结合见表7-3。

板的榫结合　　　　　表7-3

名称	简图	说明
纳入接	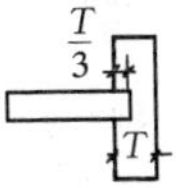	一块板上刻榫槽，将另一块板端直接镶入榫槽内。用于箱、柜隔板的 T 形结合
燕尾纳入接	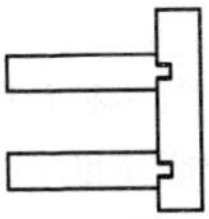	在一块板上刻单肩或双肩燕尾榫槽，在另一块板端做单肩或双肩燕尾榫头。用于要求整体性较高的搁板、隔板

名称	简图	说明
对开交接	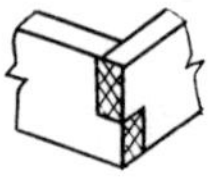	板材不宽时，每块板端切去对应的缺口，相互交接，用于一般简单的结合
明燕尾交接	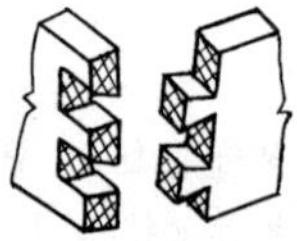	一块板端刻燕尾榫，另一块板端做燕尾槽，互相交接，结合坚固。用于高级箱类的结合
暗燕尾交接	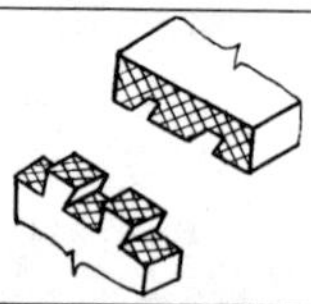	一块板端做燕尾榫，另一块板端做不穿透的燕尾榫槽，结合后正面不露榫头。用于箱类、抽屉面板的结合

（二）板 面 拼 合

1. 板面拼合见表 7-4。

板 面 拼 和 表 7-4

名称	简图	说明
胶粘法	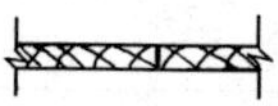	两侧胶合面必须刨平、直、对严，并注意年轮方向和木纹，木材含水率应在15%以下，用皮胶或胶粘剂将木板两侧相邻两侧面粘合。用于门心板、箱、柜、桌面板、隔板的粘合，用途广泛
企口接法	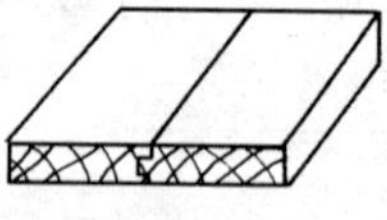	将木板两侧制成凹凸形状的榫、槽，榫槽宽度约为板厚的1/3。常用于地板、门板等
裁口接法	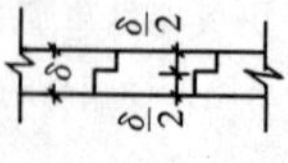	将木板两侧左上右下裁口，口槽接缝须严密，使其相互搭接在一起。多用于木隔断、顶棚板

84

名称	简图	说明
穿条接法		将相邻两板的拼接侧面刨平、对严、起槽，在槽中穿条连接相邻木板。用于高级台面板、靠背板等较薄的工件上
裁钉接法		将拼接木板相接两侧面刨直、刨平、对严，在相接触侧面对应位置钻出小孔，将两端尖锐的铁钉或竹钉钉入一侧木板的小孔中，上胶后对准另一木板的孔，轻敲木板侧面至密贴为止。这是胶粘法的辅助方法
销接法		在相邻两块木板的平面上用硬木制成拉销，嵌入木板内，使两板结合起来，拉销的厚度不宜超过木板厚度的1/3，如两面加拉销时，位置必须错开。用于台面或中式木板门等较厚的木板
暗榫接法		在木板侧面栽植木销，并将接触侧面刨直对严，涂胶后将木销镶入销孔中。用于台面板等较厚的结合

2. 拼板缝的操作要点

在拼板缝操作时，木料必须充分干燥，刨削时双手按刨子用力要均匀平衡，刨削时的起止线要长，如在拼 2m 左右的板时，全长推 2～3 刨就可将板缝刨直，使两板间的拼缝严密、齐整平滑。板面之间要配合均匀，防止凹凸不平。

拼合的时候，要根据木板的厚薄，采取直拼（把木板直立）或平拼（木板放平）；检查拼合面是否完全密接。木纹理的方向要一致，应能分辨出木材的表面和里面，并按形状配好接合面，画上标记。

　　胶料接合时，涂胶后要用木卡或铁卡在木板的两面卡住，并注意卡的位置是否适当，防止因卡过紧或不均匀使木板弯曲。

（三）配　料

　　在确保工程质量的前提下，木工在配料过程中必须要考虑到节约木材的原则。在配料时要根据图示尺寸及设计要求，认真合理选用木材，避免大材小用，长材短用及优材劣用。

1. 圆木制材

　　圆木制作半圆木、圆木制作方木、圆木制作板材等见表7-5。

圆 木 制 材　　　　　　　　表 7-5

类别	示意图	说明
圆木制作半圆木	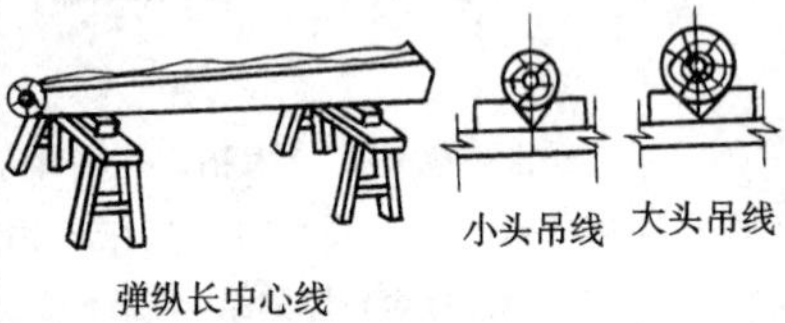 弹纵长中心线　　小头吊线　大头吊线	将圆木放在木马架或凳子上，在圆木的小头端用眼吊看，确定弯曲较大的一面，将其转动到顶面，然后在顶面上弹一条墨线，再用线锤在木材两端吊看，并画出垂直中心线，画完后把木底面转向顶面以两端截面中心线的端点在顶面弹出一条纵长中心线，依纵长中心线锯开即得两根半圆木
圆木制作方木	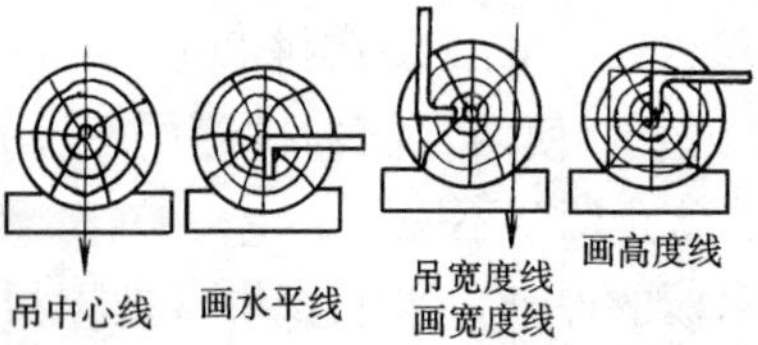 吊中心线　画水平线　吊宽度线 画宽度线　画高度线	先在圆木大小头截面用吊线法画出垂直中心线，用尺平分为二等分，中间的点为方木的中心，再用角尺通过中心画一水平线，然后按照要求的尺寸，利用十字线画出方木边线。在大头同样画出边线，用墨斗线连接两截面画出方木棱角线，弹出纵长墨线。依线锯掉四边边皮即得到方木

类别	示意图	说明
圆木制作板材	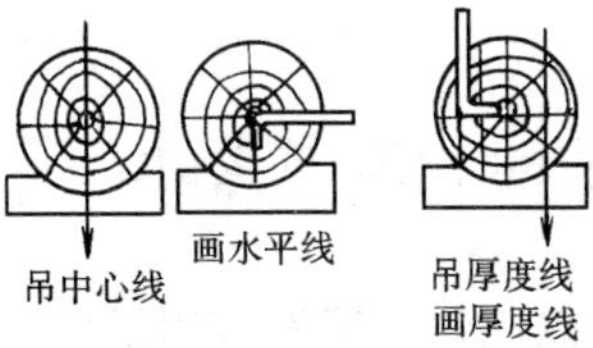 吊中心线　画水平线　吊厚度线 画厚度线	一般要用较平直的圆木，在端截面上用线锤吊中心线，用角尺画出水平线，在水平线上按板材厚度（加上锯缝宽），由截面中心向两边画平行线，然后连接相应的板材棱角点，用墨斗弹出纵长墨线，最后再锯出各块板材。 圆木锯解板材时，应注意年轮分布情况，使一块板材中的年轮疏密一致，以免发生变形
偏心圆木划分板材	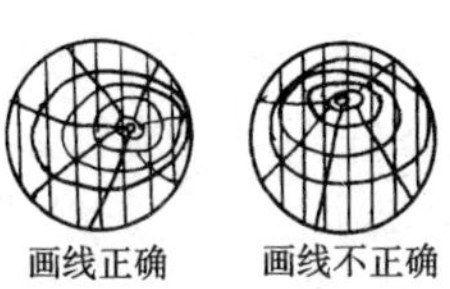 画线正确　画线不正确	对于偏心的圆木，须注意划分板材时与年轮分布之间的关系，尽量使板材中的年轮疏密一致，以免发生变形。图示为画线时的正确与不正确的画线方法

2. 门窗配料

在配门窗料时，首先要根据图纸或样板上所示的门窗各部件的断面和长度，写出配料加工单，在具体逐一选料、开料和截料过程中，应注意到：

（1）门窗料在制作时的刨削、拼装等的损耗，因此各部件的毛料尺寸要比其净料尺寸加大些，特别是门、窗梃两端均要放长一些，防止拼接上下冒头时其端部发生劈裂现象。

（2）应先配长料，后配短料，先配大料，后配小料。

（3）配料时还要考虑到木材的疵病，不要把节疤留在开榫、打眼或起线的地方，对腐朽、斜裂的木材应不予采用。

（4）据毛料尺寸，在木材上画出截断线或锯开线时要考虑锯解的损耗量（即锯路大小），锯开时要注意到木料的平直，截断时木料端头要兜方。

八、木 结 构 工 程

（一）木屋架的构造与要求

木屋架有多种形式，其中以三角形屋架应用最广。下面以三角形屋架为例介绍木屋架的制作与安装。

1. 屋架的基本组成

三角形屋架主要由上弦（又称人字木）、下弦（又称大柁）、斜杆、竖杆（又称拉杆）等杆件组成。斜杆和竖杆统称为腹杆。上弦、下弦、斜杆用木料制成，竖杆用木料或钢制成，如图 8-1 所示。

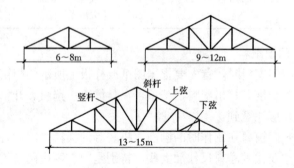

图 8-1　三角形木屋架的组成

屋架各杆件的联结处称为节点，如图 8-2 所示。两节点之间的距离称为节间，屋架的两端节点称为端节点，两端节点的中心距离称为屋架的跨度，木屋架的适用跨度一般为 6～15m。屋脊处的节点称为脊节点。脊节点中心到下弦轴线的距离称为屋架高度（又称矢高），木屋架的高度一般为其跨度的 1/4～1/5。屋架中央下弦与其他杆件联结处称为下弦中央节点，其余各杆件联结

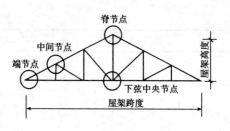

图 8-2　屋架的各节点

处称为中间节点。

两榀屋架之间的中心距离称为屋架间距，木屋架间距一般为3～4m。

2. 屋架各杆件受力情况

木屋架承受面荷载时，如果檩条仅放在屋架上弦节点处，而下弦无吊顶，则屋架的上弦承受压力，下弦承受拉力，斜杆承受压力，竖杆承受拉力；如果檩条放在屋架上弦点和节间处，则上弦不但受压而且受弯，成为压弯构件；当下弦有吊顶时，下弦成为拉弯构件，斜杆及杆件仍然受压和受拉。

上弦承受的压力从脊节点处向端节点处逐渐增大，即靠近脊节点的节间受压力较小，靠近端节点的节间受压力较大。因此，当用原木做上弦时，原木大头应置于端节点处。

3. 木屋架各节点的构造

木屋架各节点构造见表 8-1。

木屋架各节点构造

表 8-1

部位	名称	简图	构造要求
端节点	单齿联结	$h_c < h/3$ $> 20(方)$ $> 30(圆)$　$> 4.5h_c$　$90°$　h	1. 承压面与上弦轴线垂直 2. 上弦轴线通过承压面中心 3. 下弦轴线，方木：通过齿槽下净截面中心；原木：通过下弦截面中心 4. 上、下弦轴线与墙身轴线交汇于一点上 5. 受剪面避开木材髓心

部位	名称	简图	构造要求
端节点	双齿联结	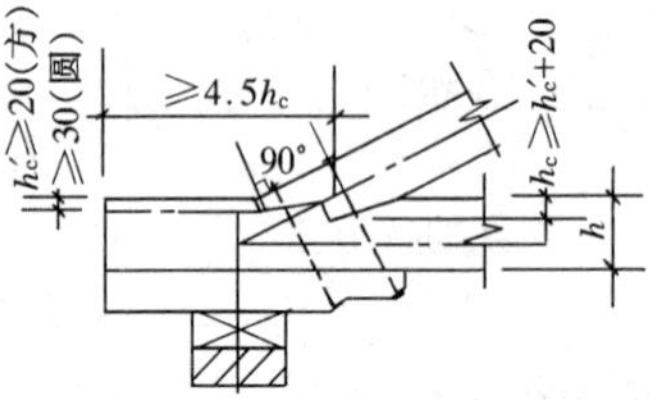	1. 承压面与上弦轴线垂直 2. 上弦轴线由两齿中间通过 3. 下弦轴线，方木：通过齿槽下净截面中心；原木：通过下弦截面中心 4. 上、下弦轴线与墙身轴线交汇于一点上 5. 受剪面避开木材髓心 6. 适用于跨度 8～12m
脊节点	钢拉杆结合	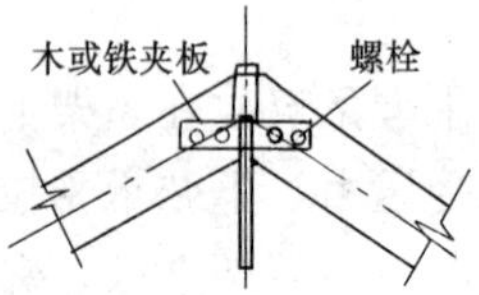	1. 三轴线必须交汇于一点 2. 承压面紧密结合 3. 夹板螺栓必须拧紧
脊节点	木拉杆结合	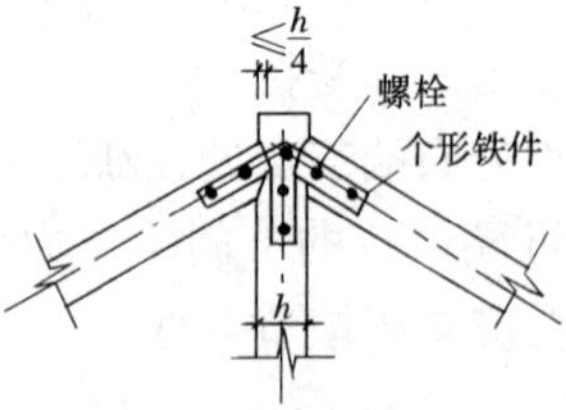	1. 上弦轴线与承压面垂直 2. 两边用个字形铁件锚固 3. 一般用于小跨度屋架
下弦中央节点	钢拉杆结合	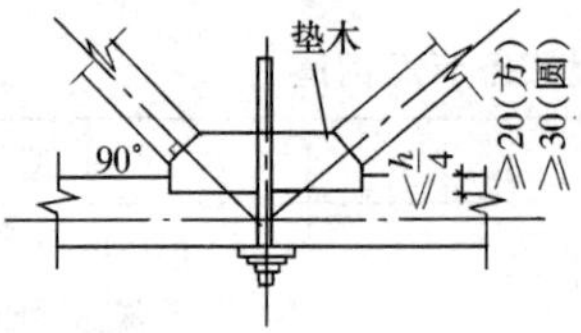	1. 五轴线必须交汇于一点 2. 斜杆轴线与斜杆和垫木的结合面垂直 3. 钢拉杆应用两个螺母
下弦中央节点	木拉杆结合	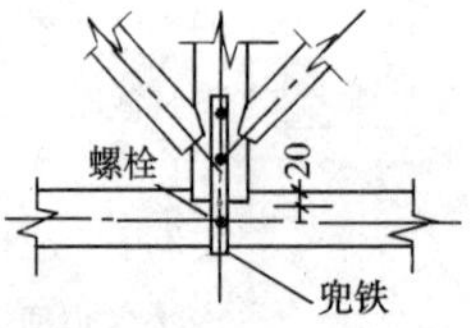	1. 承压面与斜杆轴线垂直 2. 立木刻入下弦 2cm 3. 立木与下弦用 U 形兜铁加螺栓连接 4. 一般用于小跨度屋架

部位	名称	简图	构造要求
上弦中央节点	单齿联结	![简图]	1. 斜杆轴线与节点承压面垂直 2. 斜杆与上弦接触面紧密
下弦中央节点	单齿联结	![简图]	1. 承压面与斜杆轴线垂直 2. 斜杆轴线通过承压面中心 3. 三轴线交汇于一点

4. 弦杆的接长

弦杆的木料如不够长，可将其接长，常用的接长方法是螺栓连接，即在接头处弦杆两侧用硬木夹板（或钢夹板）夹住，穿上螺栓，加垫板，将螺栓拧紧。螺栓的排列可按两纵行齐列或错列布置，如图 8-3 所示。

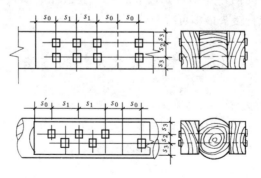

图 8-3　螺栓排列

螺栓的数量及直径要根据接头处弦杆受力大小计算或构造要求而定，其直径应不小于 12mm。对于上弦接头，每侧螺栓至少

2 个，对于下弦接头，每侧螺栓至少 4 只。螺栓排列的最小间距要符合表 8-2 规定。

一般情况下，木夹板的宽度等于弦杆截面的高度（原木弦杆则略小于弦杆直径），厚度为弦杆截面宽度的 1/2，长度依螺栓排列要求而定，但不小于弦杆宽度的 5 倍。钢夹板的厚度不小于 6mm。螺栓垫板为螺栓直径的 3.5 倍，垫板厚度为螺栓直径的 1/4。

螺栓排列的最小间距　　　　　　　表 8-2

构造特点	顺纹		横纹	
	端距	中距	边距	中距
	S_0 和 S'_0	S_1	S_3	S_2
两纵行齐列 两纵行错列	$7d$	$7d$ $10d$	$3d$	$3.5d$ $2.5d$

注：1. d—螺栓直径。

2. 用湿材制作时，顺纹端距 S'_0 应加大 7cm。

3. 用钢夹板时，钢板上的端 $S'_0=2d$、边距 $S_3=1.5d$。

弦杆的接头不要布置在临近端节点或脊节点的节间内，可放在其他节间内，并尽量靠近节点处，上弦杆最多只能有一处接头，下弦杆接头最多可有两处。

（二）木屋架放大样的方法

1. 放大样

放大样就是根据设计图纸将屋架的全部详细构造用 1∶1 的比例画出来，以求出各杆件的正确尺寸和形状、保证加工的准确。

放大样前要先熟悉设计图纸，如屋架的跨度、高度；各弦杆的截面尺寸；节间长度；各节点的构造及齿深等。同时根据屋架的跨度，计算屋架的起拱值。

（1）屋架放大样的方法及步骤

放大样时，先画出一条水平线，在水平线一端定出端节点中心，从此点开始在水平线上量取屋架跨度之半，定出一点，通过此点作垂直线，此线即为中竖杆的中线。在中竖杆中线上，量取屋架下弦起拱高度（起拱高度一般取屋架跨度的 1/200）及屋架高度，定出脊点中心。连接脊点中心和端节点中心，即为上弦中线。再从端节点中心开始，在水平线上量取各节点长度，并作相应的垂直线，这些垂直线即为各竖杆的中线。竖杆中线与上弦中线相交点即为上弦中间节点中心。连接端节点中心和起拱点，即为下弦轴线（用原木时，下弦轴线即为下弦中线；用方木时，下弦轴线是端节点处下弦净截面中线，不是下弦中线）。下弦轴线与各竖杆中线相交点即为下弦中间节点中心。连接对应的上、下弦中间节点中心，即为斜杆中线，如图 8-4 所示。

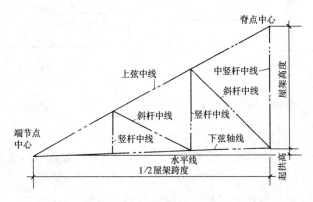

图 8-4　屋架各杆件中线

各杆件的中线和轴线放出后，再根据各杆件的截面高度（或宽度），从中线和轴线向两边画出杆件边线，各线相交处要互相出头一些。对于原木屋架，各杆件直径以小头表示。在画杆件边线时，要考虑其直径的增大，一般每延 1m 直径增大 8～10mm。接着，要逐个画出各节点的详细构造及细部尺寸。

（2）端节点齿连接的放样方法与步骤

1）单齿联结，如图8-5所示。

① 画出上、下弦的中线。

② 根据上、下弦的中线，分别画出上弦线1、2和下弦边线3、4。线3与上弦中线交于 b 点。线2与3交于 f 点。

③ 根据齿深，在下弦上画一条与下弦中线平行的齿深线。齿深线与上弦中线交于 a 点。

④ 过 ab 线的中点 c 作上弦中线的垂线。该垂线与线3交于 d 点，与齿深线交于 e 点。

⑤ 连接 ef，则 def 所构成的图形即为单齿的位置和形状。

2）双齿联结，如图8-6所示。

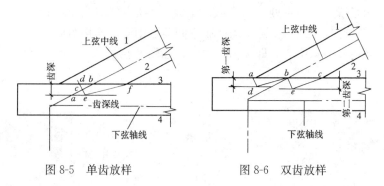

图 8-5　单齿放样　　　　　　图 8-6　双齿放样

① 按上述方法画出上、下弦中线，上弦边线1、2和下弦边线3、4。线3与线1交于 a 点与上弦中线交于 b 点，与线2交于 c 点。

② 根据齿深画出第一齿深线、第二齿深线。

③ 过 a 点和 b 点作上弦中线的垂直，分别与齿深线交于 d 点和 e 点。

④ 连接 db、ec，则 $adbec$ 所构成的图形即是双齿的位置和形状。

中间各节点的齿联结，可参照上述步骤放样。

各节点详细构造画出后，即把上、下弦接头处的夹板尺寸及螺栓排列位置画出，最后将其他铁件等按实际尺寸和形状画出。

大样画好后，要仔细校核一遍，检查各部分有无差错，如有差错要及时纠正。

大样对设计尺寸的允许偏差见表 8-3。

大样对设计尺寸的允许偏差限值　　　　　　表 8-3

屋架跨度（m）	允许偏差（mm）		
	跨度	高度	节点间距
≤15	±5	±2	±2
>15	±7	±3	±2

2. 出样板

大样经复核无误后，即可出样板，样板必须用木纹平直、不易变形且含水率不超过 18％的板材制作。先按各杆件的宽度分别将各种板开好，边上刨光，放在大样上，将各杆件的榫、槽、孔等形状和位置画在样板上，然后按形状再锯好和刨光。每一杆件中要配一块样板。全部样板配好后，放在大样上拼起来，检查样板与大样是否相等，样板对大样的允许偏差值不应超过 1mm。最后在样板上弹出中心线。样板经检查合格后才准使用，使用过程中要妥善保管，注意防潮、防晒和损坏。

（三）木屋架的制作

1. 木屋架材料的选用

屋架各杆件的受力性质不同，根据木材的物理力学性能，要选用不同等级的木材。上弦是受压或压弯构件，可选用Ⅲ等材或Ⅱ等材；斜杆是受压构件，可选用Ⅲ等材，下弦是受拉或抗弯构件，竖杆是受拉构件，均应选用Ⅰ等材料。

2. 木屋架配料方法

配料时，要综合考虑木材的质量、长短、阔狭等情况，做到合理安排、避让缺陷。具体要求如下：

（1）木结构的用料必须符合设计要求的材种和材质标准。

（2）当上、下弦材料和断面相同时，应当把好的木材用于下弦。

（3）对下弦木料，应将材质好的一端放在端节点；对上弦木料，应将材质好的一端放在下端。

（4）对方木上弦将材质好的一面向下；对有微弯的原木上弦，应将弯背向下，用原木做下弦时，应将弯背向上。

（5）上弦和下弦杆件的接头位置应错开，下弦接头最好设在中部。如有原木时，大头应放在端节点一端。

（6）不得将有疵病的木料用于支座端节点的榫结合处。

3. 木屋架的制作

（1）所有齿槽都要用细锯锯割，不要用斧砍，用刨或凿进行修整。齿槽结合面必须平整、严密。结合面凹凸倾斜不大于1mm。弦杆接头处要锯齐锯平。

（2）钻螺栓孔的钻头要直，其直径应比螺栓直径大 1mm。每钻入 50～60mm 深后需要提起钻头加以清理，眼内不得留有木渣。

（3）在钻孔时，先将需要结合的杆件按正确位置叠合起来，并加以临时固定，然后用钻一气钻透，以提高结合的紧密性。

（4）对于拉力螺栓，其螺栓孔的直径可比螺栓直径略大 1～3mm，以便于安装。

4. 木屋架的装配

（1）在平整的地面上先放好垫木，把下弦在垫木上放稳垫平，然后按照起拱高度将中间垫起，两端固定，再在接头处用夹板和螺栓夹紧。

（2）下弦拼接好后，即安装中柱，两边用临时支撑固定，再安装上弦杆。

（3）最后安装斜腹杆，从屋架中心依次向两端进行，然后将各拉杆穿过弦杆，两头加垫板，拧上螺母。

（4）如无中柱而是用钢拉杆的，则先安装上弦杆，最后将拉杆逐个装上。

（5）各杆件安装完毕并检查合格后，再拧紧螺母，钉上扒钉等铁件，同时在上弦杆上标出檩条的安放位置，钉上三角木。

（6）在拼装过程中，如有不符合要求的地方，应随时调整或修理。

5. 木屋架制作的质量标准

木屋架制作的允许偏差应符合《木结构工程施工质量验收规范》GB 50206—2012 的规定。

（四）木屋架安装

1. 木屋架安装的操作工艺顺序

准备工作→放线→加固→起吊→安装→设置支撑→固定

2. 木屋架安装的操作工艺要点

（1）准备工作

1）墙顶上如是木垫块，则应用焦油沥青涂刷其表面，以作防腐。

2）清除保险螺栓上的脏物，检查其位置是否准确，如有弯曲要进行校直。

3）将已拼好的屋架进行吊装就位。

（2）放线：在墙上测出标高，然后找平，并弹出中心线位置。

（3）加固：起吊前必须用木杆将上弦水平加固，保证其在垂直平面内的刚度，如图 8-7 所示。

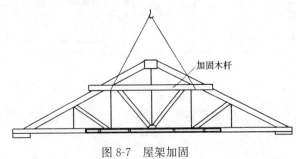

加固木杆

图 8-7　屋架加固

（4）起吊

1）吊装用的一切机具、绳、钩必须事先检查后方可使用，起吊时应由有经验的起重工指挥；

2）当屋架起吊离地面 300mm 后，应停车进行检查，没有问题才可继续施工；

3）屋架两头绑上回绳，以控制起吊时屋架的晃动；

4）起吊到安装位置上方，对准锚固螺栓，将屋架徐徐放下，使锚固螺栓穿入孔中，屋架放落到垫块上。

（5）安装

1）第一榀屋架吊上后，立即用线锤找中、找直，用水平尺找平，并用临时拉杆（或支撑）将其固定；认为无误后，在锚固螺栓上套入垫板及螺母，初步上紧。

2）从第二榀起，应在屋架安装的同时，在屋架之间钉上檩条。两屋架间至少钉三根檩，脊檩一定要钉上。

（6）设置支撑：为了防止屋架的侧倾，保证受压弦杆的侧向稳定，按设计要求，在屋架之间设置垂直支撑、水平系杆和上弦横向支撑，如图 8-8 所示。

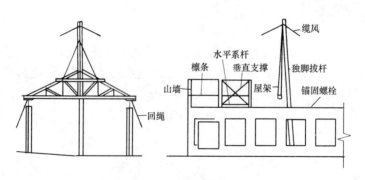

图 8-8　屋架的安装

（7）固定：屋架安装校正完毕后，应将屋架端头的锚固螺栓的螺母全部上紧。

3. 木屋架安装的质量标准

木屋架安装的允许偏差应符合《木结构工程施工质量验收规范》GB 50206—2012 的规定。

4. 木屋架安装应注意的质量问题

运输和吊装时应进行必要的加固，以防止节点错位，损坏或变形。支撑与屋架应用螺栓连接，不得用钉连接或抵承连接，屋架支座应用螺栓锚固，并检查螺栓是否拧紧，确保木屋架安装后形成整体的稳定体系。

屋架与支座接触处设计要求做药物防腐处理：支座边应留出足够的空隙，使能得到空气流通，避免木材腐朽，以使木结构延长使用寿命。

（五）应注意的安全事项

1. 在坡度大于 25°的屋面上操作，应有防滑梯、护身栏杆等防护措施。

2. 木屋架应在地面拼装。必须在上面拼装的应连续进行，中断时应设临时支撑。屋架就位后，应及时安装脊檩、拉杆或临时支撑。吊运材料所用索具必须良好，绑扎要牢固。

九、门窗及木制品工程

（一）木门窗的构造

1. 木门的构造

（1）木门的各部分名称

　　木门一般是由门框（门樘）、门扇及五金零件组成。门框由边梃、冒头、中贯档组成。门扇是由门梃、冒头、中梃和门心板（门肚板）等组成。木门各部分名称如图 9-1 所示。

（2）木门的种类与结合

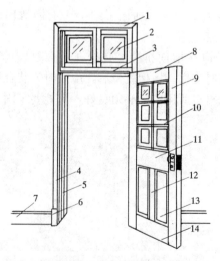

图 9-1　木门的各部分名称

1—门樘冒头；2—亮子；3—中贯档；4—贴脸板；5—门樘边梃；

6—墩子线；7—踢脚板；8—上冒头；9—门梃；10—玻璃芯子；

11—中冒头；12—中梃；13—门心板（门肚板）；14—下冒头

木门的种类按开关形式不同，分为开关门、推拉门、折门和转门等。按照构造形式不同可分为镶板门、拼板门、夹板门和玻璃门等。现以镶板门为例，说明其构造。

1）门樘结合：门樘结合是门樘边梃与门樘冒头的结合。在樘子冒头两端打眼，樘子梃端头做榫。当采用立樘子（即先立樘后砌墙）施工时则应在樘子冒头两端留出走头，走头一般长约120mm，如图 9-2 所示。

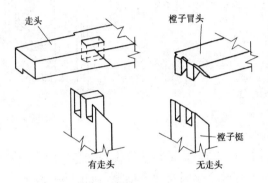

图 9-2　樘子梃与樘子冒头结合

樘子梃与中贯档的结合，是在中贯档两端作榫，在樘子梃上打眼。当采用立樘子时，应在樘子梃外侧凿出燕尾榫眼，每侧至少三个，以备砌墙时将燕尾榫木砖嵌入眼中固定门樘，如图 9-3 所示。

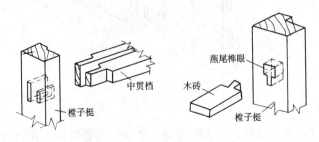

图 9-3　樘子梃与中贯档的结合

2）门扇结合：门梃与上冒头结合，是在上冒头两端做榫，上半部做半榫，下半部做全榫，门梃上打眼，如图 9-4 所示。

门梃与中冒头结合，是在中冒头两端各做两个全榫和中间一个半榫，在门梃上打两个全眼及一个半眼，如图 9-5 所示。

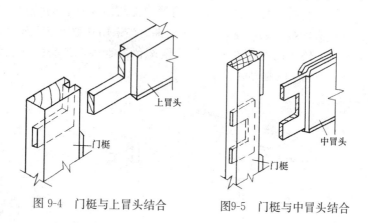

图 9-4 门梃与上冒头结合 　　　图9-5 门梃与中冒头结合

门梃与下冒头结合，是在下冒头两端各做两个全榫及两个半榫，在门梃上打两个全眼及两个半眼，如图 9-6 所示。

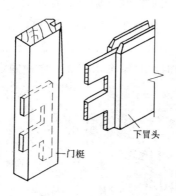

图 9-6 门梃与下冒头结合

门心板与门梃、冒头的结合，是在门梃和冒头上开凹槽，槽宽为门心板的厚度，门心板镶入凹槽中，板边离槽底为 2～3mm。

2. 木窗的构造

（1）木窗的各部分名称

木窗一般是由窗框、窗扇及五金零件组成，如图9-7所示。窗框由边框、中梃（三扇窗以上加设）上、下冒头、中贯档等组成。窗扇是由窗梃，上、下冒头，窗棂子等组成。

（2）木窗的种类与结合

木窗按其开关方式可分为：平开窗、悬窗、推拉窗、固定窗等。按使用要求不同可分为：玻璃窗、纱窗、百叶窗等。

1）窗樘的结合：窗樘边框与上、下冒头、中贯档的结合同门樘。

2）窗扇的结合：冒头与窗梃的结合，是在冒头两端做榫，窗梃上打眼，如图9-8所示。窗梃和冒头均裁口，玻璃装入裁口内，用油灰或木条固定。

窗梃与窗棂结合，是在窗棂两端做榫，窗梃上打眼，如图9-9所示。窗梃、窗棂都裁口，玻璃装入后，用油灰或木条固定。

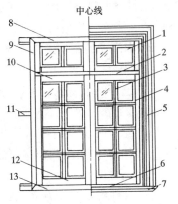

图9-7　木窗各部分名称

1—亮子；2—中贯档；3—玻璃芯子；

4—窗梃；5—贴脸板；6—窗台板；

7—窗盘线；8—窗樘上冒头；

9—窗樘边框；10—上冒头；

11—木砖；12—下冒头；

13—窗樘下冒头

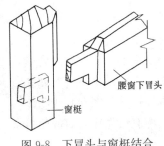

图9-8　下冒头与窗梃结合

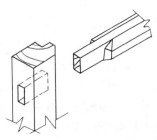

图9-9　窗梃与窗棂结合

（二）木门窗的制作

1. 木门窗的制作工艺顺序

配料→下料→刨料→画线→打眼→开榫→拉肩→槽口、起线→拼装、光面、堆放等。

2. 木门窗的制作工艺要点

（1）配料

1）选用的木材的含水率小于 12％，不要把节子留在开榫、打眼及起线处，扭弯、斜裂、腐朽的木材不予采用。

2）配料时要精打细算，先配长料，后配短料，长短搭配；先配门窗框料，后配门窗扇料。

（2）下料

1）合理确定加工余量，手工刨光每面留 2～3mm，机械刨光适当加大。

2）锯开时应注意木料平直，截断时木料端头要平整、兜方。

（3）刨料

1）刨料时，把纹理清晰的木材面作为正面，门窗框料任选一个窄面为正面，扇料选一个宽面为正面，正面应画出符号。

2）门、窗樘的梃及冒头只刨三面，靠墙的一面不刨；门窗扇的上冒头和边梃也只刨三面，靠樘子的一面待安装时再刨。

（4）画线

根据门窗的构造要求，在刨好的木料上画出榫头线和打眼线。所有榫、眼要注明全榫还是半榫，全眼还是半眼。

门窗框边框端头宜做割角榫、门窗框的中贯档两端宜做双夹榫，门窗扇上冒头、中冒头两端宜做单榫，门扇下冒头两端宜做双榫，窗芯两端宜做单榫，榫头的具体尺寸如图 9-10 所示。

铲有裁口及起线后的门窗料，其榫肩可做成实肩或飘肩，如图 9-11 所示。

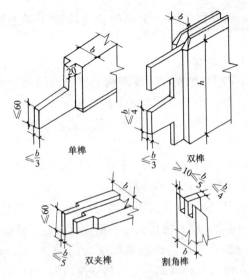

图 9-10　各种榫头尺寸

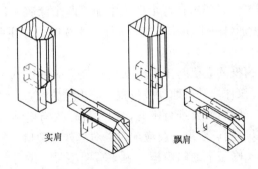

图 9-11　榫肩做法

（5）打眼

1）打榫眼要选用与眼宽同尺寸的量。先打全眼，后打半眼。打全眼眼时眼的正面要留半条墨线，背面不留。

2）榫眼要方正，先凿背面，后凿正面，不留木渣。

（6）开榫和拉肩

1）榫头应用细锯锯成。开好的榫头应方正平直，拉肩时不得损伤榫眼。

2）榫头线应留半线。半榫的长度应比半眼的深度少 2～3mm。

（7）裁口和起线

1）裁口应用边刨操作。要求刨的平直，深浅宽窄一致，不得戗槎起毛、凹凸不平；阴角处要成直角。

2）起线应用线刨操作，要求线条挺直棱角整齐，表面光洁。

（8）拼装、光面、堆放

1）拼装时，应将榫头对准孔眼，轻击敲入拼合，所有榫头待整个门窗框或扇拼好后再行敲实。

2）拼装门窗框，应先将中贯档与立梃拼好，再装上、下坎。

3）拼装门扇，应先将冒头与一根立梃拼好，再插装门心板，最后装上另一根立梃。门心板离凹槽底约为 2～3mm 间隙。拼装窗扇，应先将冒头、玻璃芯与一根立梃拼好，再将另一根立梃装上。

4）门窗框、门扇在每个榫头中加打两个涂胶木楔，窗扇在每个榫头中加打一个涂胶木楔。加涂胶木楔时，要注意是否归方和翘曲。

5）门窗框的立梃与上、下坎交角处，应加钉八字撑。门框下端应加钉拉杆，并按地坪线位置，刻出锯路线。

6）拼好的门窗要进行刨光，如发现冒头与梃结合处表面不平，应加以修刨。双扇门窗应配对，对缝处应裁口、修刨。

7）经整修完毕的门窗框、扇要写明型号、编号、分类整齐堆放。门窗框靠墙的一面，应涂刷防腐剂。

3. 木门窗的制作质量标准

（1）主控项目

1）木门窗的木材品种、材质等级、规格、尺寸、框扇的线型及人造木板的甲醛含量应符合设计要求。

2）木门窗应采用烘干的木材，含水率应符合规定。

3）木门窗的防火、防腐、防虫处理应符合设计要求。

4）木门窗的结合处和安装配件处不得有木节或已填补的木

节。木门窗如有允许限值以内的死节及直径较大的虫眼时，应用同一板质的木塞加胶填补。对于清漆制品，木塞的木纹和色泽应与制品一致。

5）门窗框和厚度大于 50mm 的门窗扇应用双榫连接。榫槽应采用胶料严密嵌合，并应用胶楔加紧。

6）胶合板门、纤维板门和模压门不得脱胶。胶合板不得刨透表层单板，不得有戗槎。制作胶合板门、纤维板门时，边框和横楞应在同一平面上，面层、边框及横楞应加压胶结。横楞和上、下冒头应各钻两个以上的透气孔，透气孔应通畅。

（2）一般项目

1）木门窗表面应洁净，不得有刨痕、锤印。

2）木门窗的割角、拼缝应严密平整。门窗框、扇裁口应顺直，割面应平整。

3）木门窗上的槽、孔应边缘整齐，无毛刺。

4）木门窗制作的允许偏差和检验方法应符合《建筑装饰装修工程施工质量验收规范》GB 50210—2001 的相关规定。

（三）木门窗的安装

1. 木门窗安装操作工艺顺序

立樘子（或塞樘子）→门窗扇安装→选配门窗五金→门窗五金安装

2. 木门窗安装操作工艺要点

（1）立樘子

1）当砌墙刨地坪时，可立门框，砌到窗台高度时，可立窗框。各门窗框应对准墙上所画中线及边线立起，校正垂直后用支撑撑住，并检查上、下坎的水平，如有偏差应随时纠正。

2）同一墙面的门窗框应统一整齐、进出一致。标高相同的门窗框应先立两头，拉通线后再立中间部分，上、下对应的窗框要对齐。

3）立门窗框应注意门窗扇的开启方向。当墙面有抹灰层时，框里面应突出墙面约 15～18mm。双层门窗多居墙中立框。门框下部用木板或薄钢板设临时施工保护。

（2）塞樘子

1）安装门窗框时，先将框试装于洞口中，四边用木楔临时固定，校正樘的垂直及上、下坎的水平，再用钉将框钉牢在墙内木砖上，每处至少打两只钉。钉帽砸扁冲入樘子樘内。

2）塞门窗框应注意门窗开启方向，框到墙面距离应一致。门框的锯路线与室内地坪平。

（3）门窗扇的安装

1）安装前，应先量出框口净尺寸，考虑风缝大小，再在扇上确定高度及宽度，进行修刨。先用粗刨，再用细刨刨至光滑平直，使其符合设计尺寸要求。

2）将扇放入框子中试装合格后，按扇高的 1/8～1/10 在框子上按铰链大小画线，并凿出铰链槽，槽深一定要与铰链的厚度相适应，槽底要平。

3）门窗扇安装后，冒头、窗芯应呈水平，双扇或三扇窗其窗芯应互相对齐。纱窗扇的窗芯应正对玻璃扇的窗芯。

（4）门窗五金的选用与安装

门窗五金包括：铰链、插销、拉手、门锁、风钩等。

1）装铰链（以普通铰链为例）

① 门窗铰链的位置：门铰链距扇上边 175～180mm，下边 200mm；窗铰链距扇上、下的距离应等于扇高的 1/10，但应错开上、下冒头。

② 画线。

③ 樘上凿凹槽。

④ 装铰链。

2）装拉手

① 门窗拉手的位置应在门窗扇中线以下。窗拉手距地面 1.5～1.6m；门拉手距地面 0.8～1.1m。

② 同规格门窗上的拉手位置及高低应一致。

③ 安装时先画线，再装钉拉手。

3）装插销

明插销竖装在门窗扇梃的上部或下部；横装在中冒头上；暗插销竖装在门梃边侧的上部和下部。

4）装门锁

① 按图纸要求将安装锁头部位钻孔。

② 按要求凿削座槽，剔除门边棱角凹槽，在门梃侧边居中画出周边线，剔凿出方孔槽。

③ 安装弹子锁，用木螺栓将锁身固定。

3. 木门窗安装的质量标准

（1）主控项目

1）木门窗的开启方向、安装位置及连接方式应符合设计要求。

2）木门窗框的安装必须牢固，预埋木砖的防腐处理、木门窗框固定点的数量、位置及固定方法应符合设计要求。

3）木门窗扇必须安装牢固，开关灵活，关闭严密，无倒翘。

4）木门窗配件的型号、规格、数量应符合设计要求，安装应牢固，位置应正确，功能满足使用要求。

（2）一般项目

1）木门窗与墙体间缝隙的嵌缝材料应符合设计要求，填嵌应饱满。

2）木门窗批水、盖口条、压缝条、密封条的安装应顺直，与门窗结合应牢固、严密。

3）木门窗的留缝限值、允许偏差和检验方法《建筑装饰装修工程施工质量验收规范》GB 50210—2001 的相关规定。

4. 木门窗安装应注意的质量问题

（1）木门框的位置：门框标高应以下端锯口线作为设计所指定的地坪标高。

（2）门窗框的固定点每边应不小于两处，其间距不大于 1.2m。

（3）木门窗框扇安装时，不允许在开关过程中发生扇与框子、扇与地面、扇与扇之间存在碰擦现象；门窗扇关闭时，不允许产生倒翘、自开、自关和回弹等现象。

（4）门窗小五金安装应齐全。小五金均用木螺栓固定，不得用钉子代替。

（四）异形窗扇的制作

1. 六边形硬百叶窗

六边形硬百叶窗，窗框的内角为 120°，窗框间采取割角榫接，百叶板与窗框嵌槽加榫结合，百叶板与窗平面的倾斜角一般为 45°；百叶板之间留有一定的空隙，且上面百叶板的下端与下面百叶板的上端有适当的重叠遮盖。常见的硬百叶窗有平顶和尖顶两种，如图 9-12 所示。

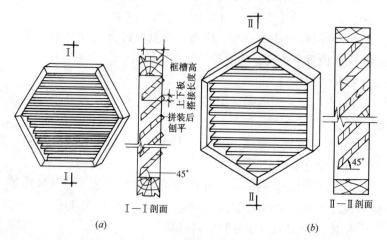

图 9-12　六边形硬百叶窗示意图

（a）六边形平顶百叶窗；（b）六边形尖顶百叶窗

（1）正六边形的画法

正六边形的边长与正六边形外接圆的半径相等。若正六边形的边长为 r，则画法如图 9-13 所示。

1）以正六边形的边长 r 为半径作圆。

2）作圆直径 AD。分别以 A、D 为圆心，以 r 为半径作弧交圆于 B、F、C、E 点。

3）连接 AB、BC、CD、DE、EF、FA，即得正六边形 $ABCDEF$。

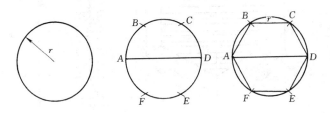

图 9-13　正六边形画法

（2）六边形硬百叶板的操作工艺顺序

放样→求百叶板与料框的交角→计算百叶板尺寸→杆件制作→拼装

（3）六边形硬百叶板的操作工艺要点

举例叙述尖顶和平顶六边形百叶窗的操作工艺

【例 9-1】六边形尖顶百叶窗，窗框料 50mm×50mm，百叶板厚 10mm，窗框边长 250mm（外包尺寸），百叶板 10 块，框上凹槽一端开通，一端离框 5mm（即框上凹槽的高度为 $50-5=45mm$）。

1）放样

① 作边长为 250mm 的正六边形 $abcdef$。在正六边形内部，分别画其平行线，且间距为 50mm，得另一正六边形 $a'b'c'd'e'f'$，如图 9-14 所示。

② 因为百叶板厚度为 10mm，百叶板与窗平面得倾斜角为 45°，所以成品百叶板小面宽度为 $=10×1.414=14.14mm$。由图 9-14，量

出 $a'd'$ 长度为 385mm。故百叶板间距 $= \dfrac{385-14.14\times10}{10+1}$
$= 22.1$ mm。

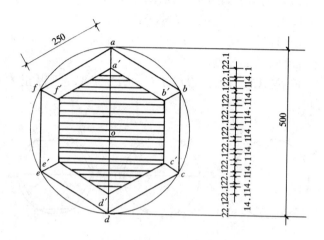

图 9-14　百叶窗平面放样图

③ 在 $a'd'$ 上依次截取 22.1mm 和 14.1mm，然后利用曲尺分别画出各块百叶板的平面位置，如图 9-14 所示。

2）图解法求百叶板与斜窗框得交角

① 作一直线三角形 MNP，使 $MN=45$mm（凹槽高度），$\angle PMN=60°$（六边形内角得 1/2）。则可量得：$MP=90$mm、$NP=77.9$mm（NP 长度即为百叶板一端长、短角的差值，在后面计算百叶板下口长度时，可直接选用），如图 9-15 所示。

② 过 P 点作 PM 的垂直线 PS，且 $PS=45$mm（凹槽高度）。连接 SM，则 $\angle PMS$ 的大小即为百叶板与斜窗框的交角。可量得：$\angle PMS=26.57°$，凹槽长度 $SM=100.6$mm，如图 9-15 所示。

然后，用活络尺（搭尺）按图固定活络尺的角度备用。百叶板与竖直窗框的交角等于百叶板与窗平面的倾斜角，即为 45°。也应用活络尺固定备用。

3）计算百叶板尺寸：两侧竖直窗框间的百叶板长度等于图

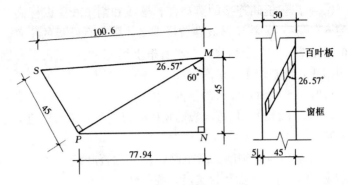

图 9-15　百叶板与斜窗框交角的图解

9-17 中的长度加上两端进槽制榫得深度。

两侧斜窗框得百叶板，其上口和下口得长度不相同。两者的差值为图 9-15 中的 NP 长度的 2 倍，即 77.9mm × 2 ＝ 155.8mm。百叶窗上部斜框间百叶板，其上口长度大于下口长度；下部斜框间的百叶板，其上口长度小于下口长度。百叶板上口尺寸，可由放样图量得，端面倾斜角为 30°。

百叶板宽度可由图解法求得：成品宽度 ＝ $45 \times \sqrt{2}$ ＝ 63.7mm；配料宽度 ＝ $45 \times \sqrt{2} + 10 = 73.7$mm，如图 9-16 所示。

百叶板平面图形如图 9-17 所示。

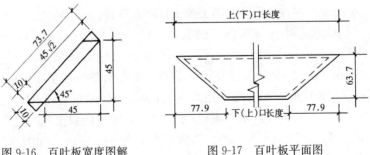

图 9-16　百叶板宽度图解　　　　图 9-17　百叶板平面图

4）杆件加工制作

① 将窗框料、百叶板料按图纸尺寸要求刨削平直、兜方。

② 画出窗框间连接的燕尾榫、槽线和割角线。窗框间的割角为 60°。然后，将窗框放在放样图上，引出百叶板的位置，在斜框上用 26.57°的活络尺、在竖直框上用 45°的活络尺，分别画出凹槽线，榫眼位于凹槽的中央，一端为半眼。

百叶板画线时，榫头的位置、大小、长短，必须与凹槽中的榫眼相符。上部第一块百叶板的宽度应根据第一条凹槽的实际长度配制。

③ 按线锯割，刨削、凿眼制作窗框和百叶板。百叶板一小面刨成 45°，另一小面待拼装后，统一刨平。

5）拼装：拼装前，应认真检查各杆件的制作质量。确认无误后，先将三根窗框拼装成一体，然后将百叶板逐一插入，最后将另三根拼成一体的窗框拼装上去，连接成型，并刨平凸出得百叶板及四周净面。

【例 9-2】某六边形平顶百叶窗，窗框料 50mm×50mm，百叶板厚 10mm，窗框边长 250mm（外包尺寸），百叶板 8 块。框上凹槽一端开通，一端离框边 5mm（即凹槽高为 45mm）。

1. 弹出窗框平面图：具体做法见［例 9-1］，量得的水平窗框料间距为 333mm。

2. 计算百叶板的间距：百叶板的间距 $=\dfrac{333-14.14\times8}{8}=$ 27.5mm，并在窗框平面图上弹出百叶板位置。

3. 求百叶板与斜窗框的交角：作一直角三角形 ABC，使 $AB=45$mm，$\angle CAB=30°$。则可量得：$AC=52$mm、$BC=26$mm（BC 长度即为百叶板一端长、短角的差值，在计算百叶板下口长度时，可直接选用）。过 A 点作 AC 的垂直线 AD，且 $AD=45$mm。连接 CD，则 $\angle DCA$ 即为百叶板的斜窗框的交角。可量得：$\angle DCA=40.89°$，凹槽长度 $CD=68.8$mm。如图 9-18 所示。

以后操作过程均类似于六边形尖顶百叶窗，仅具体数字作相应改变即可，如百叶板画线时其端面得倾斜角度应为 60°等。

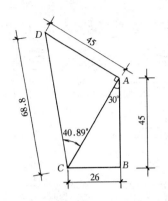

图 9-18　百叶板与斜窗框交角的图解

（4）质量标准，六边形硬百叶窗制作得质量标准同木门窗。

（5）常见质量通病和防治方法见表 9-1。

常见质量通病和防治方法　　表 9-1

序号	质量通病	产生原因	防治方法
1	百叶板的倾斜角度不准	画线不准确	通过图解或运用三角函数计算，求得做斜角度，准确画线
2	百叶板不平行	画线、加工有误差	窗框画线时，对称的窗框料应一起画，凹线槽位置应从大样图上引出准备多把活络尺，使用时轻拿轻放
3	接缝不严密	制作时剔槽不正、割角不准	画线准确，百叶板厚度与凹槽要吻合；剔槽时应留半线，榫眼方正

2. 圆弧形窗

圆形弧窗常见的有圆形和椭圆形两种，这里主要介绍椭圆形窗的制作。椭圆形窗如图 9-19 所示。

（1）椭圆形的画法

1）钉线法

① 作椭圆之长短轴 AB、CD 互相垂直平分。

② 以 D 为圆心，AB/2 为半径作弧，交 A、B 于 M、N

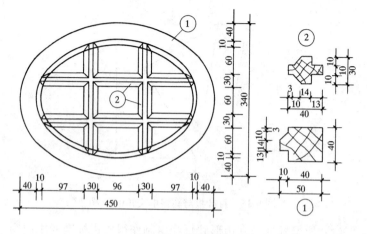

图 9-19　椭圆形窗

两点。

③ 取一无伸缩性之长线，令其长度等于长轴 AB，将线两端固定于 M、N 上，用笔扯紧线绳移动一周，所得的曲线即为椭圆，如图 9-20 所示。

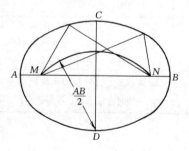

图 9-20　钉线法作椭圆

2) 四圆心法

① 长轴 AB、短轴 CD 互相垂直平分，交点为 O。以 AB、CD 为直径作同心圆。连接 AC，以 C 为圆心，$OA-OC=CK$ 为半径作弧，交 AC 于 L 点，作 AL 的中垂线交 AB 于 E，交 CD 于 F。如图 9-21(a) 所示。

② 以 C 为圆心，FC 为半径作弧。再以 E 为圆心，EA 为半径作弧，两弧连接，为所求椭圆的 1/4。如图 9-21(b) 所示。

③ 同理在长轴及短轴上，求 E、F 之对称点，G、H 两点。以 H 为圆心，HD 为半径作弧，以 G 为圆心，GB 为半径作弧，

116

与前两弧连接即将所求的椭圆。如图 9-21(c) 所示。

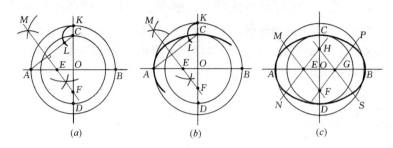

图 9-21 四圆心法作椭圆

（2）操作工艺顺序

放大样→出墙板→配料→窗梃制作→窗棂制作→拼装

（3）操作工艺要点

【例 9-3】椭圆形窗长轴为 450mm，短轴为 340mm，窗框尺寸 50mm×40mm，窗棂尺寸为 40mm×30mm。

1）放大样：按照设计要求，根据椭圆的做法，做出长轴为 450mm，短轴为 340mm 的椭圆。同理再做出里面另外两个椭圆。

2）椭圆形窗棂一般由块材拼接而成，且两两对称。拼接的位置宜设在 MF、NH、DF 与椭圆的相交处，如图 9-21(c) 所示。

样板制作要准确，误差不得超过 0.2mm。窗棂榫接位置也应在拼板上画出，同时画出窗棂样板。

3）配料：窗材料应选用不得有节子、斜纹和裂缝的木纹顺直，含水率不大于 12% 的硬材。

4）窗梃制作：先用窄细锯（线锯）留半线锯割成型，然后用轴刨将窗梃内边刨修光滑，窗梃刨好后，即可画出榫眼线，线脚线以窗梃间连接得榫槽位置线。窗梃凿眼时位置要正确。

四块窗梃料的连接，一般采用带榫高低缝，中间加木销或斜面高低缝。中间加木销的连接方法，如图 9-22 所示。木销的位置、方向要正确。木销的两个对角应在窗框的直线上，即窗框的连接缝上。木销材料应用硬木，厚 3mm，长度比销孔长 5～10mm。木销大面为梯形，上口比下口长 4～6mm。销孔的形状、尺寸应与木销吻合，用细齿锯锯割，阴角要方正，且不锯割过线，以免损伤窗框。

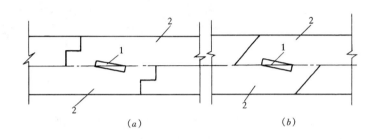

图 9-22　窗框的连接形式

（a）带榫高低缝，中间加木销；（b）斜面高低缝，中间加木销

1—木销；2—窗框

窗框高低缝结合面应平整，兜方，且企口缝的榫、槽大小相等。制作企口缝榫、槽时，榫头和凹槽的外边线应留半线，结合面处不留线；斜面锯割时，外口应留半线，里口不留线。这样拼装能保证高低缝结合面严密无缝隙。

榫眼、结合面等加工完毕后，最后加工窗框内周边的线脚（起线）。

5）窗棂制作：按要求的尺寸，对窗棂进行全长刨削成型，然后根据相应的安装尺寸，锯断为多根短窗棂，并做好编号，以便拼装。窗棂和窗框采用半榫，飘扇结合的方法。

6）拼装：先将窗棂拼装成型，四块窗框两两相连，然后，将窗棂与连成一体的两块窗框榫接，最后将另两块连接成一体的窗框拼装，并用木销楔紧。拼装时，榫头、榫眼、凹槽、木销、高低缝结合面等都应涂胶加固。

窗扇拼装成型后，应按大样图校核，24h 后，修整接头，细刨净面。

（4）质量标准：同木门窗的制作。

（5）常见的质量通病和防治方法见表 9-2。

常见的质量通病和防治方法表　　表 9-2

序号	质量通病	原　因	防治方法
1	椭圆形状误差大	样板不准窗梃制作质量差	样板应准确 制作窗梃时，严格按样板操作，窗梃刨削成型后，逐根与大样图校核，有偏差及时修整
2	窗棂接头处不顺直	窗棂上正、反面榫眼存在偏差窗棂断面有误差	窗棂的榫眼，位置准确用长料加工窗棂，根据要求得尺寸截料
3	割角不严密	加工存在误差	按大样板精心加工，锯割时宁放线而不去线，拼接时若有不合，及时修整

（五）楼梯扶手的制作与安装

1. 木扶手

（1）木扶手的断面形式和构造

常见楼梯木扶手断面形式如图 9-23 所示，靠墙扶手的构造如图 9-24 所示。

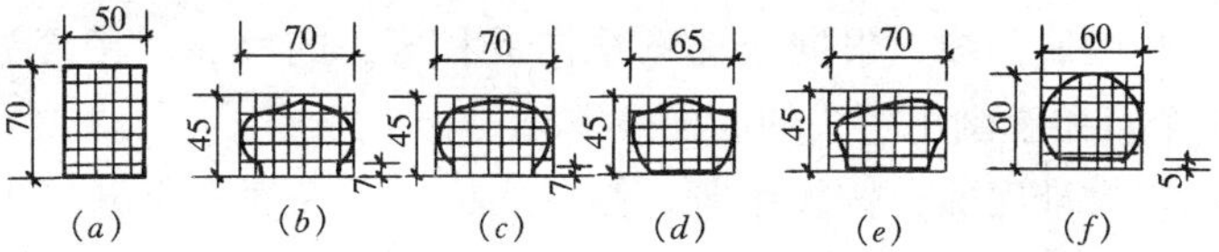

图 9-23　扶手断面

（2）操作工艺顺序

直扶手制作→弯头制作→钻孔凿眼→安装→修整

（3）操作工艺要点

1）直扶手制作：按设计要求画出扶手横断面样板。先将扶

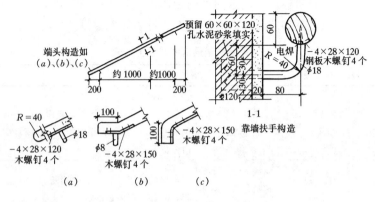

图 9-24　靠墙扶手

手底面刨直刨平。然后画出中线，在两端对好样板画出断面，刨出底部凹槽，再用线脚刨沿端头的断面线刨削成型，刨时须留半线。

2）弯头制作：木扶手弯头按其所处的位置不同，有拐弯、平盘和尾弯等。木扶手弯头一般运用樟木，当楼梯栏板之间的距离在 200mm 以内时，弯头可以整只做，当大于 200mm 时，可以断开做。一般弯头伸出的长度不小于踏步宽度的 1/2，如图 9-25所示。

① 斜纹出方：先将做弯头的整料从斜纹出方，如图 9-26所示。

② 画底面线：根据楼梯三角样板和弯头的尺寸，在弯头料的两个直角上画出弯头的底面线。

③ 做准底面：按线锯割、刨平底面，并在底面上开好安装扶手铁板的凹槽，要求槽底平整、槽深与推板厚度一致。

④ 画侧面线、断面线和加工成型：锯割、刨削弯头时应留半线，内侧面要锯得平直。

3）钻孔凿眼：弯头成型后，在弯头断面安装双头螺栓处垂直钻孔，孔深比双头螺栓长度的一半稍深些，钻头直径比螺栓直径大 0.5～1mm。同时在弯头底面离端面 50mm 以外凿眼或

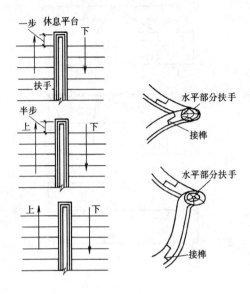

图 9-25　扶手接头图

打眼。

4）安装：扶手安装，一般由下向上进行。先将每段直扶手与相邻得弯头连接好，然后，再放在钢板上作整体连接。如图9-27 所示。

5）修整：弯头和扶手安装好后，要将接头之间修理平整，使之外观平直、和顺、光滑。

2. 塑料扶手

（1）塑料扶手安装的操作工艺顺序

准备工作→塑料扶手安装→塑料扶手对接→表面处理

（2）塑料扶手安装的操作工艺要点

1）准备工作：栏杆扶手的支承托板要求平整顺直；拐弯处的托板角度要方正平直；并将托板上的残留焊渣清除干净；每个单元楼梯应选用颜色一致的塑料扶手。

除了常用工具外，还需准备焊接设备和加热工具（如热吹风等）。

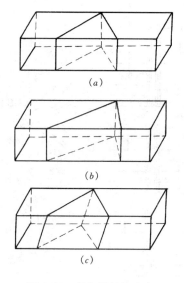

图 9-26　弯头料斜纹出方

(a) 45°斜纹出方；(b) 30°斜纹出方；(c) 双斜出方

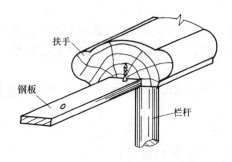

图 9-27　木扶手的固定

2）塑料扶手安装：先将扶手材料加热到 65～80℃，这时材料变软，很容易自上而下地包覆在支承上，应注意避免将其拉长。支承的最小弯曲半径为 3″（76mm），对这些小半径的扶手，安装时可用一些辅助工具。塑料扶手的断面及安装如图 9-28所示。

3）塑料扶手对接

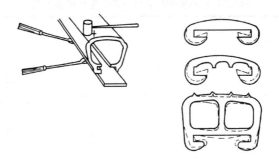

图 9-28　塑料扶手的断面及安装

① 对接焊缝：焊接的断面可以是垂直的，也可以是倾斜的。焊接时，手持焊条，施加压力应均匀合理，焊条施力方向与母体材料的焊缝成 90°。焊好的焊缝表面不得有裂纹或断裂。

② 对缝胶接：常用的胶结材料有天津 601 号胶粘剂、环氧型、橡胶型和聚氨酯等胶粘剂。对缝胶接时，缝要严密，胶粘剂涂抹要饱满，粘结要牢固，胶结要平整。

③ 表面处理：塑料扶手对接后的表面必须用锉刀和砂纸磨光，但注意不要使材料发热，如果发热，可用冷水冷却，最后用一块布沾些干溶剂轻轻擦洗一下，再用无色蜡抛光，就可得到光滑的表面。

3. 质量标准

（1）主控项目

1）扶手制作与安装所使用材料的材质、规格、数量和木材、塑料的燃烧等级应符合设计要求。

2）扶手的造型、尺寸及安装位置应符合设计要求。

（2）一般项目

扶手转角弧度应符合设计要求，接缝应严密，表面应光滑，色泽应一致，不得有裂缝、翘曲及损坏。

（3）楼梯扶手制作和安装的允许偏差和检验方法见表 9-3。

楼梯扶手制作和安装的允许偏差和检验方法　　　**表 9-3**

项次	项　目	允许偏差	检验方法
1	扶手直线度	4	拉通线，用钢尺检查
2	扶手高度	3	用钢尺检查

（六）应注意的安全事项

1. 木材堆放要整齐，堆放场所要有消防措施。

2. 进行木工机械和轻便机具的操作，必须遵守安全操作规程。

3. 操作地点的刨花、碎木料要有专人负责清理，不得在操作地点吸烟和用火。

4. 在二层以上安装窗框、扇时要搭脚手架、安全网或系安全带，并注意防止工具坠落。

5. 工作前要检查所有工具是否牢靠，以免斧、锤等脱柄飞出伤人。

6. 使用电气设备要有接地，机器要有专人负责，使用完毕后要切断电源。

十、模板工程

　　模板是浇捣混凝土的模壳。模板系统包括模板和支撑两大部分。模板与混凝土直接接触，使混凝土有结构构件所要求的形状尺寸和空间位置。支撑系统则是支撑模板，保持其位置正确，以及承受模板、混凝土、钢筋及施工等荷载。如果模板本身不牢固，接缝不严密，就容易引起混凝土漏浆，造成混凝土蜂窝麻面，减弱结构的强度。如果支撑不牢固，在浇捣混凝土过程中模板会产生变形、变位，使结构构件的断面尺寸及位置出现偏差，甚至造成倒塌事故。因此，模板制作安装质量的好坏，直接影响到混凝土的结构构件的质量。

　　模板按其形式不同可分为整体式模板、定型模板、滑升模板、移动式模板、台模等。模板按其材料不同可分为木模板、钢模板、塑料模板、玻璃钢模板等。

（一）定型组合钢模板

　　定型组合钢模是一种工具式定型模板，由钢模板和配件组成，配件包括连接件和支承件。

1. 钢模板

　　钢模板包括平面模板、阴角模板、阳角模板和连接角模，如图 10-1 所示。除此之外还有一些异形模板。

　　钢模板采用模数制设计，宽度模数以 50mm 进级，长度为 150mm 进级，可以适应横竖拼装，拼接成以 50mm 进级的任何尺寸的模板，规格见《组合钢模板技术规范》GB/T 50214—2013。

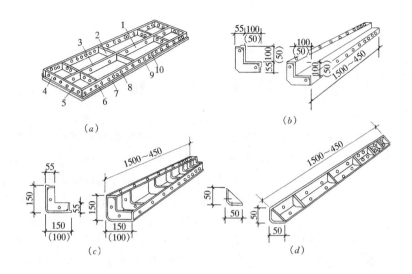

图 10-1　钢模板类型

(a) 平面模板；(b) 阳角模板；(c) 阴角模板；(d) 连接角模

1—中纵肋；2—中横肋；3—面板；4—横肋；5—插销孔；6—纵肋；

7—凸棱；8—凸鼓；9—U 形卡孔；10—钉子孔

如拼装时出现不足模数的空缺，则用镶嵌木条补缺，用钉子或螺栓将木条与钢模板边框上的孔洞连接。为了便于板块之间的连接，钢模板边框上有连接孔，孔距均为 150mm，端部孔距边肋为 75mm。

2. 连接件

如图 10-2 所示，定型组合钢模板的连接件包括：U 形卡、L 形插销、钩头螺栓、对拉螺栓、紧固螺栓和扣件等。

（1）U 形卡

如图 10-2（a）所示，用于相邻模板的拼接，其安装的距离不大于 300mm，即每隔一扎卡插一个，安装方向一顺一倒相互交错，以抵消因打紧 U 形卡可能产生的位移。

（2）L 形插销

如图 10-2（b）所示，用于插入钢模板端部横肋的插销孔内，

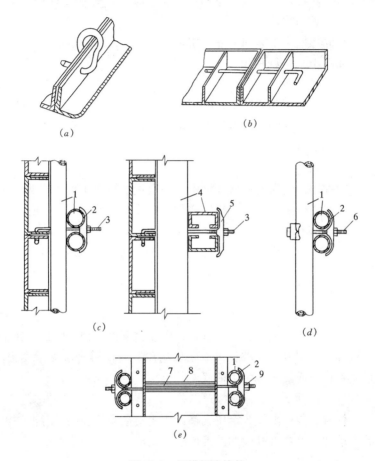

图 10-2 钢模板连接件

(a) U 形卡连接；(b) L 形插销连接；(c) 钩头螺栓连接；

(d) 紧固螺栓连接；(e) 对拉螺栓连接

1—圆钢管钢楞；2—弓形扣件；3—钩头螺栓；4—内卷边槽钢钢楞；

5—蝶形扣件；6—紧固螺栓；7—对拉螺栓；8—塑料套管；9—螺母

以加强两相邻模板接头外的刚度和保证接头处板面平整。

（3）钩头螺栓

钩头螺栓用于模板与内外钢楞的加固，安装间距一般不大于

600mm，长度应与采用的钢楞尺寸相适应，如图 10-2（c）所示。

（4）紧固螺栓

紧固螺栓用于紧固内外钢楞，长度应与采用的钢楞尺寸相适应，如图 10-2（d）所示。

（5）对拉螺栓

对拉螺栓用于连接墙壁两侧模板，保持模板与模板之间的设计厚度，并承受混凝土侧压力及水平荷载，使模板不致变形，如图 10-2（e）所示。

（6）扣件

扣件用于钢楞与钢楞或钢楞与钢模板之间的扣紧，按钢楞的不同形状，分别采用蝶形扣件和弓形扣件，如图 10-2（c）所示。

3. 支承件

定型组合钢模板的支承件包括柱箍、钢楞、支架、斜撑、钢桁架等。

（1）钢楞

钢楞又称龙骨，主要用于支承钢模板并加强其整体刚度。钢楞的材料，有圆钢管、矩形钢管、内卷边槽钢、轻型槽钢、轧制槽钢等。根据设计要求和供应条件选用。内钢楞直接支承模板，承受模板传递的多点集中荷载。

（2）柱箍

柱箍又称柱卡箍，定位夹箍，用于直接支承和夹紧各类柱模的支承件，可根据柱模的外形尺寸和侧压力的大小来选用。

（3）梁卡具

梁卡具又称梁托架。是一种将大梁、过梁等钢模板夹紧固定的装置，并承受混凝土侧压力，种类较多。其中钢管形梁卡具（图 10-3），适用于断面为 700mm×500mm 以内的梁；扁钢和圆钢管组合梁卡具（图 10-4），适用于断面为 600mm×500mm 以内的梁，上述两种梁卡具的高度和宽度都能调节。

（4）圈梁卡

用于圈梁、过梁、地基梁等方形梁侧模的夹紧固定。

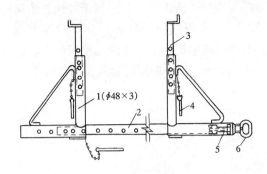

图 10-3 钢管形梁卡具

1—三角架；2—底座；3—调节杆；4—插销；

5—调节螺栓；6—钢筋环

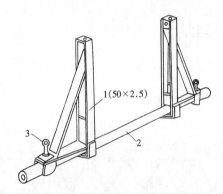

图 10-4 扁钢和圆钢管组合梁卡具

1—三角架；2—底座；3—固定螺栓

（5）钢管架

钢管架又称钢支柱。用于大梁、模板等水平模板的垂直支撑，其规格形式较多。

钢管支架也可以采用扣件式钢管脚手架、碗扣式钢管脚手架和门式支架等支撑梁、楼板等水平模板。

（6）平面可调桁架

用于楼板、梁等水平模板的支架，用它支设模板，可以节省模板支撑和扩大楼层的施工空间，有利于加快施工速度。

平面可调桁架采用的类型较多，其中轻型桁架（图 10-5）采用角钢、扁钢和圆钢筋制式，由两榀桁架组合后，其跨度可调整到 2100～3500mm，一个桁架的承载力为 20kN（均匀放置）。

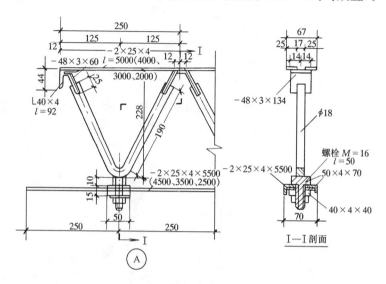

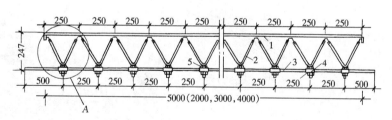

图 10-5　可变桁架示意图

1—内弦；2—腹筋；3—外弦；4—连接件；5—螺栓

（二）组合钢模板基础、柱、梁模板设计基本知识

组合钢模板又称组合式定型小钢模，是目前使用较广泛的一

种通用性组合模板。用它进行现浇钢筋混凝土结构施工，可事先按设计要求组拼成基础、梁、柱、墙等各种大型模板，整体吊装就位，也可以采用散装散拆方法，比较方便灵活。

利用组合钢模板支模，首先要进行模板设计、绘制模板施工图，根据模板施工图的要求，进行备料、安装、拆除。

1. 组合钢模板的支模设计步骤

（1）根据施工组织设计对施工段的划分，施工工期和流水作业的安排，首先明确需要配置模板的层、段数量。

（2）根据工程情况和现场施工条件，决定模板的组装方法，如在现场散装散拆，还是进行预拼装，整体安装拆除。采用的主要支撑是木方还是钢支撑等。

（3）根据已确定配模的层数，按照施工图中梁柱等构件尺寸，进行模板组配设计。

（4）明确支撑系统的布置、连接和固定方法。

（5）进行加固和支撑件等的设计计算和选配工作。

（6）确定预埋件的固定方法，管线埋设方法，以及特殊部位（如预留孔洞等）的处理方法。

（7）绘制模板施工图，列出材料单。

以上是组合钢模板一般的设计步骤的原则要求。在进行不同构件支模时，还要针对构件的具体承受荷载的特点进行具体的设计，以下是每个单一构件模板设计的要求。

2. 条形基础、独立基础的模板设计

由于条形基础、独立基础的模板高度比较小，侧向模板受力较小，所以一般不需要进行荷载计算，只要模板符合构造要求，就可以达到使用上的要求。只需要进行模板的配板设计，支撑按构造要求设置。

（1）条形基础、独立基础模板的配置构造要求：一般条形基础、独立基础和厚度较小的筏基的侧模板采用配模为横向，且配板高度可以高出混凝土浇筑表面。在模板上弹出混凝土浇筑厚度线，模板高度方向如用两块以上模板组拼时，一般应用竖向钢楞连固。其模板接缝齐平布置时，竖楞间距一般宜为 750mm；当接缝错开布置时，竖楞间距最大可为 1200mm。基础模板由于在基槽内，可以在基槽内设置锚固桩支撑侧向模板。

（2）条形基础模板两边侧模，一般采用横向配置，模板下端外侧用通长横楞连固，并与预先埋设在垫层上的锚固件楔紧。竖楞可用 $\phi48mm\times3.5mm$ 钢管，用 U 形钩与模板连固，竖楞上端用扣件固定对接。当条形基础是阶梯形时，可分次支模，先支下阶侧模板，在下阶浇筑完毕混凝土后，再在其上支上阶模板。当基础下阶段宽、厚时，可按计算设置对拉螺栓。上阶模板可用工具卡固定，亦可用钢管支架固定，如图 10-6 所示。

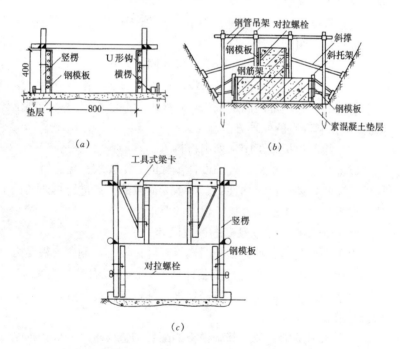

（a）

（b）

（c）

图 10-6　条（阶）形基础支撑示意图

（a）竖楞上端对拉固定；（b）斜撑；（c）对拉螺栓

（3）独立基础分为带地梁、不带地梁、台阶式等。其模板布置与多阶条形基础基本相同。但是上阶模板应搁置在下阶模板上，各阶模板的相对位置要固定结实，以免浇筑混凝土时模板位移。杯形基础的芯模可用楔形木条与钢模组合而成。各台阶的模板用角模连接成方框，模板宜横排，不足部分设用竖排组拼。竖楞、横楞和抬杠均可采用 ϕ48mm×3.5mm 钢管，钢管用扣件连接固定。

3. 柱的模板设计

柱模板的施工设计，首先应按单位工程中不同断面尺寸和长度的柱，所需配置模板的数量做出统计（图 10-7），并编号、列表。

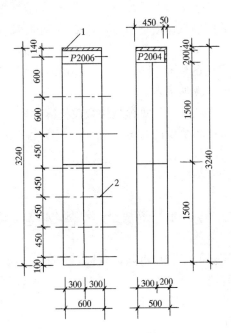

图 10-7　柱模配板图
1—镶拼木料；2—柱箍位置

4. 梁的模板设计

梁模板往往与柱、墙、楼板模板相交接，故配板比较复杂。另外梁模板既要承受混凝土的侧压力，又要承受垂直荷载，故支撑布置比较特殊。因此，梁模板的施工设计有它的独特情况。

梁模板的配板，宜沿梁的长度方向排，端缝一般都可以错开，但是配板的长度和高度要根据与柱、墙、大梁的模板基础上，用角模和不同规格的钢模板嵌补模板拼出梁口。其配板长度为梁净跨减去补模板的宽度，或在梁口用木方相拼，不使梁口处的板块边肋与柱混凝土接触，在柱身适当高度位置设柱箍，用以搁置梁模，如图 10-8 (a)、(b) 所示。

梁模板与楼板模板交接，可采用阴角模板或木材拼镶，如图 10-8 (c) ～ (e) 所示。

梁模板侧模的纵、横楞布置，主要与梁的模板高度和混凝土侧压力有关，应该通过计算确定。直接支撑梁底模板的横楞，其间距与梁侧模板的纵楞间距相适应，并照顾楼板的支撑布置情况。具体设计步骤如下：

（1）根据梁的尺寸计算模板块数及拼镶木模的面积，通过比较做出选择木拼板最少的方案。

（2）确定模板的荷载。

（3）进行模板验算。

（三）基础、梁、柱组合钢模板安装

组合钢模板的安装和拆除，是以模板工程施工设计为依据，根据结构工程流水分段施工的布置和施工进度计划，将钢模板、配件和支撑系统组装成基础、柱、墙、梁、板等模板结构，供混凝土浇筑使用。

1. 施工前的准备工作

（1）模板的定位基础工作（图 10-9）

组合钢模板在安装前，要做好模板的定位基准工作，其工作步骤是：

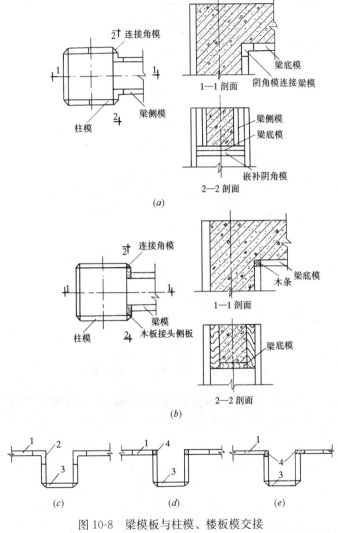

图 10-8 梁模板与柱模、楼板模交接

（a）柱顶梁口采用嵌补模板；（b）柱顶梁口用方木镶拼；

（c）梁板模用阴角模连接；（d）、（e）梁板模用木材拼镶

1—楼板模板；2—阴角模板；3—梁板模；4—木材

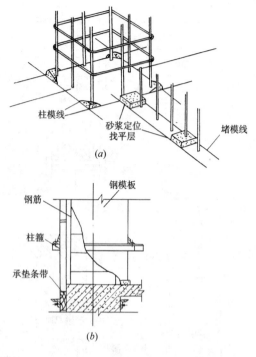

柱模线　　砂浆定位找平层　　堵模线

(a)

钢模板

钢筋

柱箍

承垫条带

(b)

图 10-9　墙、柱模板找平

（a）砂浆找平层；（b）外柱外模板设承垫条带

1）进行中心线和模板位置线的放线：首先引测建筑物的边柱或墙轴线，并以该轴线为起点，引出每条线，模板放线时，应先清理好现场，然后根据施工图用墨线弹出模板的内边线和中心线，墙模板要弹出模板的内边线和外侧控制线，以便于模板安装和校正。

2）做好标高测量工作：柱、墙模板的标高，用水准仪转移到柱、墙的钢筋上，在钢筋上做好明显标记，一般标记高度可比混凝土地面高 1m，然后据此标高用 1∶3 水泥砂浆沿模板内边线拉平，在外墙、外柱部位，安装模板前，要设置模板支承垫条带，以支撑模板。

3）设置模板定位基准：一种做法是采用钢筋定位，即根据构件断面尺寸切割一定长度的钢筋（或角钢）点焊在主筋上；另一种做法是在柱、墙边线抹定水泥砂浆块，然后将模板紧贴在定位砂浆块上，也可用水泥专用钉将模板直接钉在找平水泥砂浆地面上。

（2）模板、配件的检查及预拼装

1）按施工需用的模板及配件对其规格、数量逐项清点检查，未经修复的部件不得使用。

2）采取预拼装模板施工时，预拼装工作应在组装平台或经平整处理的地面上进行，并按要求逐块检验后进行试吊，试吊后再进行复查，并检查配件数量，位置和紧固情况。

（3）辅助材料准备

1）嵌缝材料：用于模板堵缝，防止板缝漏浆，常用有木条、橡皮条、密封条等。

2）隔离剂：保护模板，便于脱模，常用的品种有肥皂下脚料、海藻酸钠、甲基硅树脂等。

2. 模板支设安装的有关要求

（1）模板支设安装的规定

组合钢模板的支设安装，应遵守下列规定：

1）按模板设计要求循序拼装，保证模板系统的整体稳定。

2）配件必须装插牢固，支柱和斜撑下的支撑面应平整垫实，并有足够的受压面积。

3）预埋件与预留孔洞必须位置准确，安设牢固。

4）支柱所设的水平撑与剪刀撑，应按构造与整体稳定性布置。

5）多层支撑的支柱，上下应对应设置在同一竖向中心线上。

6）同一条拼接缝上的 U 形卡，不宜向同一方向卡紧，应交错方向插入卡紧。

7）墙模板的对拉螺栓孔应平直相对，穿插螺栓不得斜拉硬顶，穿孔用手电钻钻孔，严禁采用电、气焊灼孔。

（2）组合钢模板支撑安装的安全操作要求

1）模板上架设的电线和使用的电动工具，应采用 36V 的低压电源或其他有效的安全措施。

2）登高作业时，各种配件或工具应放在工具带内，严禁放在模板或脚手板上，防止掉落伤人。

3）装拆模板时，上下应有人接应，随拆随运，并要把活动部位固定牢固，严禁将模板大量堆放在脚手板上和抛掷。

4）装拆模板时，必须采用稳固的登高工具，高度超过 3.5m 时，必须搭设脚手架，装拆施工时除操作人员外，下面不得站人。高处作业时，操作人员应佩戴安全带。

5）安装墙、柱模板时，应随时支撑牢固，防止倾覆。

6）预拼装模板安装时，垂直吊运时应采取两个以上的吊点，水平吊运应采取四个吊点，吊点应做受力计算，合理布置。模板边就位，边校正，安设连接件，并加设临时支撑稳固。

7）预拼装模板应整体拆除，拆除时，先控好吊索，然后拆除支撑及拼接两片模板的配件，待将模板撬开结构表面后再起吊。

3. 模板的安装方法

组合钢模板安装方法基本上有两种，即单块就位组拼和预组拼，其中预组拼又可分为分片组拼和整体组拼两种。采用预组拼方法，可以加快施工速度，提高模板的安装质量，但必须具备相适应的吊装设备和有较大的拼装场地。

（1）基础模板安装

条形基础：条形基础可根据土质情况确定支模方法。如土质较好，下阶可原槽灌注不吊支模，上阶条用吊模；如土质较差，则上下两阶均需支撑。

下阶模板根据基础边线就地组拼模板，将基槽土壁修整后用短木将钢模板支撑在上壁上。

下阶模板安装是在基槽两侧地坪上打入钢管锚固柱。搭钢管吊架，使吊架保持水平，用线锤将基础中心引测到水平杆上，按中心线安装模板，用钢管、扣件将模板牢钉在吊架上。

（2）柱模板安装（图10-10、图10-11）

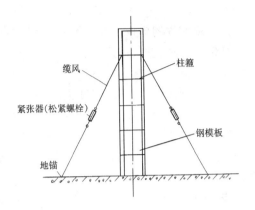

图 10-10　校正柱模板

1）单块就位组拼的方法是：先将柱子第一节四面模板就位，并用连接角组拼好，角模宜高出平模，校正调整好对角线，并用柱箍固定，然后以第一节模板上依附高出的角模连接件为基础，用同样方法组拼第二节模板，直到柱全高。各界组拼时，其水平接头和竖向接头要用 U 形卡正反交替连接，在安装到一定高度时，要进行支撑或拉节，以防倾倒，并用支撑或拉杆上的调节螺栓校正模板的垂直度。

安装顺序如下：搭结安装架子→第一节钢模板安装就位→检查对角线、垂直度和位置→安装柱箍→第二、三等结模板及柱箍安装→安装有梁扣的柱模板→全面检查校正→群体牢固。

2）单片预组拼的方法

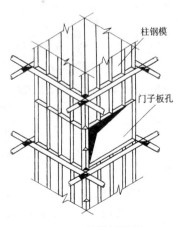

图 10-11　柱模门子板

是：将事先预组拼的单片模板，经检查其对角线、板边平直度和外形尺寸合格后，吊装就位并做临时支撑，随即进行第二片模板吊装就位，用 U 形卡与第一片模板组合成 L 形，同时做好支撑。如此在完成第三、第四片的模板吊线就位、组拼，模板就位组拼后，随即检查其位移、垂直度、对角线情况，经校正无误后，立即自下而上的安装柱箍。柱模板全部安装后，再进行一次全面检查，合格后与相邻柱群或四周支架临时拉结牢固。

安装顺序如下：单片预组合模板组拼并检查→第一片安装就位并支撑→邻侧单片预组合模板安装就位→两片模板呈 L 形，用角模连接并支撑→安装第三、四片预组合模板并支撑→检查模板位移、垂直度核对角线并校正→由下而上安装柱箍→全面检查安装质量→群体牢固

3）整体预组拼的方法：在吊装前，先检查已经整体预组拼的模板上、下口对角线的偏差以及连接件、柱箍等的牢固程度，检查钢筋是否有碍柱模的安装，并用钢丝将柱顶钢筋先绑扎在一起，以便柱模从顶部套入，待整体预组拼模板吊装就位后，立即用四根支撑或有花篮螺栓的揽风绳与柱顶四角拉节，并校正其中心线和偏斜，全面合格后，再群体固定。安装顺序如下：吊装前检查→吊装就位→安装支撑或揽风绳→全面质量检查→群体固定。

4）组模安装时，要注意以下事项

① 柱模与梁模连接处的处理方法是：保证柱模的长度符合模板的模数，不符模数部分放到节点部位处理；或以梁底标高为准，由上往下配模，不符模数部分放到柱根部位处理。

② 支设的柱模，其标高、位置要准确，支设应牢固。高度在 4m 或 4m 以上时，一般应四面支撑，当柱高超过 6m 时，不宜单根柱支撑，宜几根柱同时支撑连成构架。

③ 柱模板根部要用水泥砂浆堵严，防止跑浆。

④ 梁、柱模板分两次支设时，在柱子混凝土达到拆模强度时，最上一段柱模先保留不拆，以便于与梁模板连接。

(3) 梁模板安装

1) 安装支撑梁模板的钢支柱：安装梁钢支柱之前，如果支撑在土地面时，土地面必须夯实，支柱下垫通常脚手板、支柱的间距应由模板设计规定，支柱之间架水平拉杆。按设计标高调整支柱模楞的高度。

2) 梁模板单块就位组拼：复核梁底横楞标高，按要求起拱，一般跨度大于 4m 时，起拱高度为跨度的 0.2%～0.3%。校正梁模板轴线位置，再在横楞放梁底板，拉线找直，并用钩头螺栓与横楞固定，拼接角模，然后绑扎钢筋，安装并固定两侧模板拧紧锁口管，拉线调查梁口平直，有楼板模板时，在梁上连接好阴角模，与楼梯模板拼接。

3) 安装后校正梁中线、标高、断面尺寸。将梁模板内杂物清理干净，检查合格后再预检。安装梁模板工艺流程：弹线→支立柱→拉线、起拱、调整梁底横楞标高→安装梁底模板→绑扎钢筋→安装侧模板→预检

（四）现浇楼板组合钢模板的设计和安装

楼板模板通常都是水平方向的模板，但也有坡度较缓的模板。楼板模板种类比较多，但是，组合钢模板仍用的相当普遍。在肋形楼盖一类的楼盖施工中更为合适。

1. 楼板组合钢模板的组成

楼板组合钢模板是由立柱、内外背楞、钢模板组成。

图 10-12 所示为组合钢模板拼装楼板模板。采用齐缝拼装。用阴角模与梁模拼接，四角尺寸不足之处用木材拼镶。采用钢管做双层背楞，可调钢支柱作顶撑。钢支撑主要有水平拴结杆拴结，以谋求整体稳定性。

组合钢模板刚度较大。当混凝土板的厚度不大时，可充分利用组合钢模板的刚度，最好采用错缝拼装，设置单层背楞。这样可以节省模支撑材料，提高材料周转率。

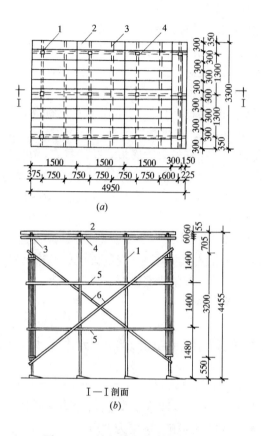

图 10-12　楼板模板的配板及支撑

(a) 配模板；(b) 剖面图

1—φ48×3.5 钢管支柱；2—钢模板；3—2□60×40×2.5 内钢楞；

4—2□60×40×2.5 外钢楞；5—φ48×3.5 水平撑；

6—φ48×3.5 剪刀撑

　　单梁、柱先行施工，板下空间很高，或者板下有空间作业时，可采用吊柱支模。吊模支模就是将板下的支撑翻到板上来，支吊在已先行施工的梁柱上。图 10-13 所示为楼板模板吊柱支模的施工方式。

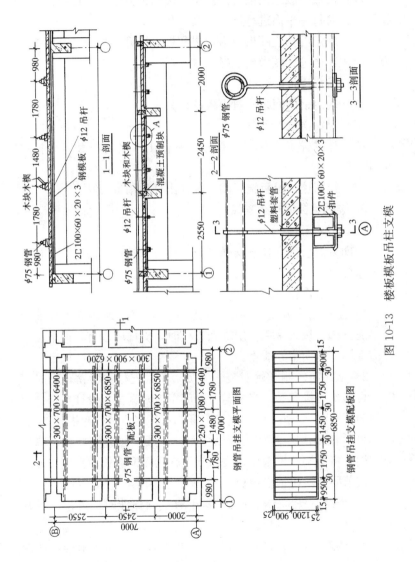

图 10-13 楼板模板吊柱支模

143

2. 楼板模板设计计算

楼板模板一般采用散支散拆或拼装两种方法。模板设计可在编号后，对每一平面进行设计，其步骤如下：

（1）确定沿长边配板或沿短边配板，计算模板块数及拼镶木模的面积，通过比较做出选择。

（2）确定模板的荷载。

（3）确定钢楞间距；对模板进行验算。

（4）对钢楞进行验算。

（5）计算确定立柱规格型号，并做出水平支撑和剪刀撑的布置。

（6）绘制楼板模板施工图，统计出材料用量。

3. 楼板组合钢模板安装

（1）工艺流程

地面夯实→支立柱→安横楞→铺模板→校正标高→加立杆的水平拉杆→预检

（2）安装操作方法

1）土地面应夯实，并垫通长脚手板，楼层地面立支柱前也应垫通长脚手板，采用多层支架支模时，支柱应垂直，上下层支柱应在同一竖向中心线上。

2）从边跨一侧开始安装，先按第一排支柱和背楞，临时固定，再依次逐排安装。支柱与背楞间距应根据模板设计规定。

3）拉线，起拱，调节支柱高度，将背楞找平，起拱。

4）当采用梁、墙作支撑结构时，一般应预先支好梁、墙模板，然后将吊架按模板设计要求支设在梁侧模通长的型钢式方木上，调节固定后再铺设模板。

5）当梁、柱以先得施工，板下有空间作业时，可采用吊挂支模，以节约支撑材料。

6）楼板模板当采用单块就位组拼时，宜从每个节间，从四周先用阴角模板与墙，梁模板连接，然后向中央铺设，相邻模板边助应按设计要求用U形卡连接，也可用钩头螺栓与钢楞连接。

7）预组拼模板在吊运前应检查模板的尺寸，对角线。平整度上及预埋件和预留孔洞的位置，安装就位后，立即用角模与梁、墙模板联结。

8）平台板铺完后，用水平仪测量模板标高，进行校正并用靠尺找平。

9）标高校完后，支柱之间应加水平拉杆，根据支柱高度决定水平拉杆设几道。一般情况下离地面 20～30cm 处一道。往上纵横方向每 1.6m 左右设置一道，并应经常检查，保证完整牢固。

10）将横板内杂物清理干净，准备预检。

（五）组合钢模板墙的模板设计和安装

1. 墙的模板构造组成

用组合钢模板组装的墙模板是由有平面钢模板、拼木条、内钢楞、外钢楞、对拉螺栓、扣件、支撑等组成，如图 10-14 所示。

用组合钢模板配置墙模板时，由于模数制的定型模板，但尺寸不能凑足时，可在顶端和侧边相拼木条。配模原则是尽量使钢模板的规格少，数量少，拼木量少。墙模板可以齐缝配置，也可以错缝配置。齐缝配置时，可以预先将打好穿墙螺栓孔洞的模板配置在规定的位置上，免去现场打孔。错缝配置时，模板整体刚度较好。当墙高度不大，或浇筑速度很慢时，可以只用单层背楞就能满足要求。横排模板采用竖向内楞，竖排模板采用横向内楞。内楞和外楞可以采用槽钢，也可以采用钢管。当采用钢管时，用对拉螺栓加弓形扣件将内楞和外楞固定在模板上。

对拉螺栓有不能回收和可多次回收重复使用的两种形式。有防水要求的外墙、地下室等处一般采用一次性的防水对拉螺栓。用于没有防水要求的内墙时，采用多次周转使用对拉螺栓，以降低成本。

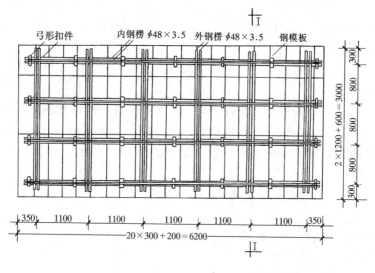

钢套管

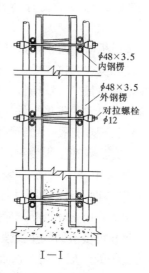

I—I

图 10-14 墙模板

2. 墙的模板设计

按施工图纸，统计所有配模平面的尺寸并进行编号，然后对每一种平面进行配板设计。其具体步骤如下：

（1）根据墙的平面尺寸，分别采用横排原则和竖排原则，计算出模板块数和需镶拼木模的面积。

（2）对横竖排的方案进行比较。择优选用拼木面积较小的布置方案。

（3）计算新浇筑混凝土的最大侧压力。

（4）计算确定内、外钢楞的规格、型号和数量。

（5）确定对拉螺栓的规格、型号和数量。

（6）对需配模板、钢楞、对拉螺栓的规格、型号和数量进行统计、列表，以便备料。

（7）绘制模板施工图。

3. 墙的组合钢模板安装

墙的组合钢模板安装分为单块安装和预拼组装。无论采用哪种方法都要按设计提供的模板施工图进行施工。具体施工工艺如下：

（1）工艺流程：弹线→抹水泥砂浆找平→做水泥砂浆定位块→安门窗洞口模板→安一侧模板→清理墙内杂物→安另一侧模板→调整固定→预检

（2）根据轴线位置弹出模板的里皮和外皮的边线和门窗洞口的位置线。

（3）按水准仪抄出的水平线定出模板下皮的标高，并用水泥砂浆找平。

（4）按位置线安装门窗洞口模板。门窗洞口的模板，应有锥度，安装要牢固，既不变形，又便于拆除。下预埋件或木砖。

（5）墙面模板按位置线就位，安装拉杆或斜撑，再安装穿墙螺栓和套管。

（6）单块就位组拼时，应从墙角模开始，向相互垂直的两个方向组拼，这样可以减少临时支撑设置。否则，要随时注意拆换支撑或增加支撑，以保证墙模处于稳定状态。

（7）单块就位组拼时，两侧面模板同时拼装。当安至第一步钢楞处，就可以安装钢楞穿墙螺栓和套管。

（8）预组拼模板安装时，应边就位边校正，并随即安装各种连接件。

模板竖排时，可看作将该配板平面旋转90°（即将高度当作横向长度，将长度尺寸当成高度），再按表查出主规格钢模板块数。任何高度需镶拼的木料宽度，均不超过40mm。墙体模板配板如图10-15。支撑件或加设临时支撑必须待模板支撑稳固后，才能脱钩。

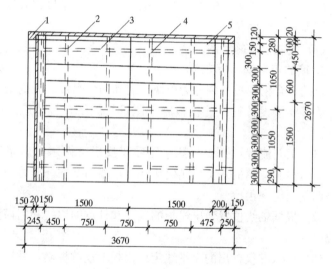

图 10-15 墙体模板配板图

1—拼木；2—对拉螺栓；3—外钢楞；4—内钢楞；5—钢模板

（9）当墙面较大，模板需分几块预拼安装时，模板之间应按设计要求增加纵横附加钢楞。附加钢楞的位置在接缝处两边，与预组拼模板上钢楞的搭接长度，一般为预组拼模板全长的15%～20%。

（10）清扫墙内杂物后再安装另一侧模板，调整斜撑或拉杆

148

使模板垂直后，拧紧穿墙螺栓。

（11）上下层墙模板接槎的处理：当采用单块就位组拼时，可在下层模板上端设一道穿墙螺栓，拆模时该层模板暂不拆除，在支上层模板时，作为上层模板的支撑面，当采取预组拼模板时，可在下层混凝土墙上端往下 200mm 左右处，设置水平螺栓，紧固一道通长的角钢作为上层模板的支撑。

（六）楼梯模板的设计和安装

建筑施工中，楼梯模板一般比较复杂。楼梯模板特点是要支成倾斜的，而且要形成踏步。按楼梯的形式有直跑式、双跑式、螺旋式等。支设各种楼梯的模板既需要设计计算画出模板施工图，又需要按模板施工图的要求进行安装。

1. 楼梯模板的构造

双跑式楼梯包括楼梯段、梯基梁、平台梁及平台板等。图 10-16 为制模实例。

平台梁和平台板模板的构造与肋形楼盖模板的构造基本相同。楼梯段模板是由底板、搁栅、牵杠、牵杠撑、侧板、踏步侧板及三角木等组成，如图 10-17 所示。

（1）牵杠支撑着搁栅。在搁栅上设置楼梯段底模板，钉上楼梯模板的侧板，即外帮板，用牵杠撑拉给牵杠。

（2）踏步侧板两端钉在梯段侧板的木档上，如果已砌好，则靠墙一段钉在反三角木上。

（3）梯段侧板的高度要不小于板厚加踏步高长度，并依梯段长度而定。在梯段侧板内侧画出各踏步形状与尺寸，并在踏步高度线一侧留出踏步侧板厚度钉上木档，作钉踏步侧板用。

（4）梯段侧板也可以做成三角梯段侧板，侧板的形状与楼段的纵剖面相同，踏步侧板可以直接钉在梯段侧板上。

（5）反三角木是由若干三角木块钉在方木上而成的。三角木踏步长的边等于踏步宽度加踏步侧板的厚度；高的边等于踏步

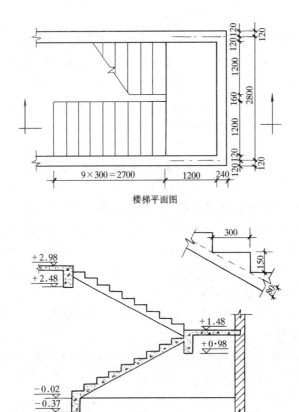

楼梯平面图

楼梯剖面图

图 10-16　楼梯详图

高度。

（6）反三角木用于靠墙一侧或宽度大于 600mm 的楼梯模板踏步侧板的固定和加固。

（7）用于楼梯支模的牵杠。牵杠撑可以用木方也可以用架子钢管、扣件连接支撑。梯段底模板可以使用组合钢模板。

2. 放大样方法配置楼梯模板

楼梯模板有的部分可按楼梯详图配置，有的部分则需要放出楼梯的大样图，以便量出模板的准确尺寸。放大样的方法如下：

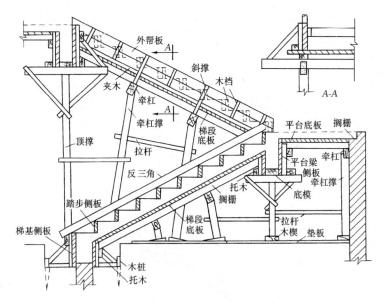

图 10-17　楼梯模板

（1）找一块平整的水泥地坪，用 1∶1 或 1∶2 的比例放大样。先弹出水平基线 x-x 及其垂线 y-y。

（2）根据已知尺寸及标高，先弹出梯基梁、平台梁和平台板。

（3）定出踏步首末两级的角部位置 A、a 两点及根部位置 B、b 两点，并于两点之间弹出连线。并弹出与 B-b 平行距离等于梯板厚度的平行线，与两边相交得 C、c。

（4）在 A、a 及 B、b 两线之间，通过水平等方式垂等分画处踏步。

（5）按模板厚度弹出梯段底模、侧板的模板边线。

（6）按支撑系统的构造要求弹出搁栅、牵杠、牵杠撑。

（7）按大样图分别做出梯段及三角、正三角牵杠等大样。

3. 计算方法配置楼梯模板

楼梯踏步的高和宽构成的直角三角形，与梯段和水平线构成直角三角形是相似三角形。一次踏步的坡度和坡度系数就是梯段的坡度和坡度系数，如图 10-18 所示。

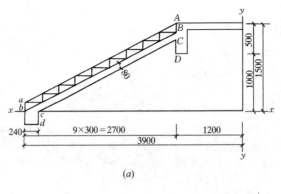

(a)

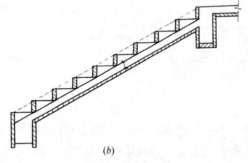

(b)

图 10-18　楼梯放样图

（1）踏步高＝150mm

踏步宽＝300mm

踏步斜边长＝$\sqrt{150^2+300^2}$＝335.4mm

坡度＝短边/长边＝150/300＝0.5

坡度系数＝斜边/长边＝335/300＝1.118

（2）梯基梁两侧模的计算：外侧模板全高为 450mm，里侧模板高度＝外侧模板-AC（图 10-19）。

$$AC=AB+BC$$

$$AB=60\times0.5=30mm$$

$$BC=80\times1.118=90mm$$

$$AC=30+90=120mm$$

里侧模板高＝450－120＝330mm

（3）平台梁里侧模的计算（图10-20）：在平台梁与下梯段相接部分以及上梯段相接部分的高度不相同，模板上口到斜口的方向也不相同，两梯段之间平台梁末与梯段相接部分一小段模板的高度为全高。里侧模全高＝420＋80＋50＝

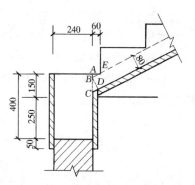

图 10-19　梯基梁模板

550mm，平台梁与梯段相接部分高度为 $BC＝80×1.118＝$ 90mm，踏步高为 AB，$AB＝150$mm。与下梯段连接的里侧模高＝550－150－90＝310mm。与上梯段连接的里侧模高＝550－90＝460mm。侧模上口斜高度＝模板厚度×坡度＝30×0.5＝15mm，下梯段平台两侧模外边倒口 15mm，里边高度应为 310mm。

上梯段平台两侧模里边倒口 15mm，外边高度为 460＋15＝475mm。

（4）梯段板底模长度计算

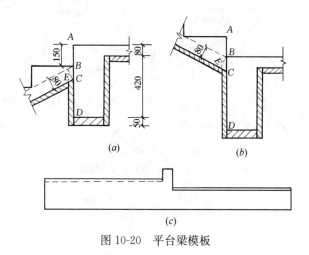

图 10-20　平台梁模板

梯段模板底模长度＝底模水平投影长度×坡度条数

底模水平投影长＝2700－240－30－30＝2400mm

底模长度＝2400×1.118＝2683mm

（5）梯段侧模计算（图10-21）：取踏步侧板厚为20mm，模档宽为40mm

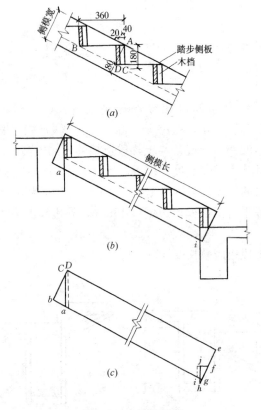

图 10-21 梯段侧模

（a）踏步尺寸；（b）侧模长；（c）侧模成型

$$AB = 300 + 20 + 40 = 360\text{mm}$$

$$AC = 360 \times 0.5 = 180\text{mm}$$

$$AD = 180/1.118 = 160\text{mm}$$

$$侧模宽度＝160＋80＝240mm$$

$$侧模长度＝梯段斜长＋侧模宽度×坡度$$
$$＝2700×1.118＋240×0.5$$
$$＝3139mm$$

侧模四角编号为 $bDey$，bD 端锯去 $Aabc$，$Aabc$ 为与楼梯坡度相同的直角三角形。

$$ac＝踏步高＋梯板厚×坡度系数＝150＋80×1.118＝240mm$$
$$bc＝240/1.118＝214mm$$
$$ab＝214×0.5＝107mm$$

ai 必须等于梯板底面斜长。模板长度如有误差，在满足以上两条件下，可以平移 ji 进行调整。虚线部分为最后接平台两侧模板厚度锯去部分。

4. 楼梯模板安装

现以先砌墙后浇楼梯的情况，简述楼梯模板的安装步骤：

（1）先点好平台梁、平台板的模板以及梯基的侧板。

（2）在平台梁和梯基侧板上钉托木，将搁栅支于托木上。在搁栅下立起牵杠及牵杠撑。

（3）在搁栅上铺梯段底板，在底板面上弹出梯段亮度线，依线立起外帮板，外帮板用夹木或斜撑固定。

（4）在靠墙的一面把反三角立起，反三角的两端可钉牢于平台梁和梯基的侧板上。

（5）在反三角与外帮板之间逐块钉踏步侧板，踏步侧板一头钉在外帮板的木档上，另一头钉在反三角的三角木块侧面上。

（6）当梯段宽度大于800mm时，应在梯段中间在加设反三角，以免发生踏步侧板凸肚现象。

（7）为了确保梯板符合要求厚度，在踏步侧板安装时下面可以垫上小木块，这些小木块在浇捣混凝土时随手取出。

(七) 组合钢模板安装质量和拆除

1. 组合钢模板安装要求

组合钢模板安装完毕后，应按《混凝土结构工程施工及验收规范》GB 50204—2015 和《组合钢模板技术规范》GB/T 50214—2013 的有关规定，进行全面检查，验收合格后才能进行下一道工序的施工。

2. 组合钢模板安装应注意的质量问题

（1）梁、板模板

1）主要质量问题：梁、板底不平、下垂；梁侧模板不直；梁上下口胀模。

2）防治的方法是：梁、板底模板的搁栅、支柱的截面尺寸及间距应通过设计计算决定，使模板的支撑系统有足够的强度和刚度。作业中应认真执行设计要求，以防混凝土浇筑时模板变形。模板支柱下沉，使梁、板产生下垂，梁、板模板应按设计或规范起拱。梁模板上下口应设销口楞，再进行侧向支撑，以保证上下口模板不变形。

（2）柱模板

1）胀模、断面尺寸不准。防治的方法是：根据柱高和断面尺寸设计核算柱箍自身的截面尺寸和间距，以及对大断面柱使用穿柱螺栓和竖向钢楞，以保证柱模的强度、刚度以抵抗混凝土的侧压力，施工应认真按设计要求作业。

2）柱身扭向。防治的方法是：支模前线校正柱筋，使其首先不扭向，安装斜撑式拉锚，吊线找垂直时，相邻两片柱模从上端每面吊两点，使线坠到地面，线坠所示两点到柱位置线距离相等，即柱模不扭向。

3）轴线位移：一排柱不在同一直线上。防治的方法是：成排的柱子，支模前要在地面上弹出柱轴线及轴边通线，然后分别弹处每柱的另一方向轴线，再确定柱的另两条边线。支模时先立两端柱模，校正垂直与位置无误后，柱模顶拉通线，再支中间各柱模板。柱距不大时，通排支设水平栏杆及剪刀撑；柱距较大时，每柱分别四面支撑，保证每柱垂直和位置正确。

（3）墙模板

1）墙体薄厚不一，平整度差。防治方法是：模板设计应有足够的强度和刚度，龙骨的尺寸和间距、穿墙螺栓间距、墙体的支撑方法等在作业时按要求认真执行。

2）墙体烂根，模板接缝处跑浆。防治方法是：模板根部砂浆找平，要用橡皮条、木条等塞严。模板间卡固措施要牢靠。

3）门窗洞口混凝土的变形。防治方法是：门窗模板与墙模或墙体钢筋固定要牢固。门窗模板内支撑要满足强度和刚度的要求。

3. 组合钢模板的拆除

（1）模板的拆除，除了侧模应以能保证混凝土表面及棱角不受损坏时方可拆除外，底模应按《混凝土结构工程施工及验收规范》GB 50204—2015 的有关规定执行。

（2）模板拆除的顺序和方法，应按照配板设计的规定进行，遵循先支后拆，后支先拆，先非承重部位和后承重部位以及自上而下的原则。拆模时，严禁用大锤和撬棍硬撬。

（3）单块组拼的模板：先拆除钢楞、柱箍和对拉螺栓等连接和支撑件，再由上而下逐块拆除；预组拼的柱模：先拆除钢楞、柱箍，对拉螺栓、U形卡后，待吊钩挂好，再拆除支撑，方能脱模起吊。

（4）单块组拼的墙模，再拆除穿墙螺栓、大小钢楞和连接件后，从上而下逐块水平拆除，预组拼的墙模，应在挂好吊钩，检查所有连接件是否拆除后，方能拆除支撑脱模起吊。

（5）梁、楼板模板应先拆除底模，再拆梁侧模，最后拆梁底模。

（6）拆模时，操作人员应站在安全处，以免发生安全事故，待该片段模板全部拆除后方准将模板、配件、支架等运出堆放。

（7）拆下的模板等配件，严禁抛扔，要有人接应传递，按指定地点堆放，并做到及时清理、维修和涂刷好隔离剂，以备待用。

（八）异形结构模板

1. 圆柱模板

（1）构造

圆柱模板一般由 20～25mm 厚、30～50mm 宽的木板拼钉而成。木板钉在木带上，木带是由 30～50mm 厚的木板锯成圆弧形，木带的间距为 700～800mm。圆柱模板一般要等分二块或四块，分块的数量要根据柱断面的大小及材料的规格确定。

圆柱模板在浇筑混凝土时，木带要承受混凝土的侧压力。因此规定在拱高处的木带净宽应不小于 50mm。

（2）制作

木带的制作采取放样的方法。模板分为四块时，以圆柱半径加模板厚作为半径画圆，再画圆的内接四边形，即可量出拱高和弦长。木带的长度取弦长加 200～300mm，以便于木带之间钉接。宽度为拱高加 50mm，根据圆弧线锯去圆弧部分，如图 10-22 所示。

（3）安装

木带制作后，即可与木板条钉成整块模板（图 10-23），应留出清渣口和混凝土浇筑口。木带上要弹出中线，以便于柱模安装时吊线校正，柱箍与支撑设置与方柱模板相同。

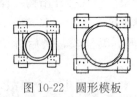

图 10-22 圆形模板

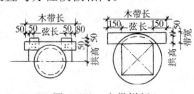

图 10-23 木带样板

158

2. 旋转楼梯模板

旋转楼梯一般有两种，一种是绕圆心旋转 $180°$ 即可达到一个楼层高度的楼梯称为螺旋式楼梯；另一种是大半径螺旋状梯段。由于两种楼梯的形状不同，在模板装配上计算方法也不同。

（1）螺旋式楼梯模板的计算

1）熟悉图纸：根据施工图列出螺旋楼梯的外圆半径 $R_外$ 和内圆半径 $R_内$，楼层的层高、踏步尺寸和平面形状，中线轴线的位置，螺旋楼梯的几何形状、标高等。

2）确定计算范围：计算时，可以把螺旋楼梯旋转到一定范围内的尺寸作为计算单位，图 10-24 所示为 $90°$ 范围部分。如果要求旋转 $180°$、$270°$、$360°$ 各范围的尺寸，可用 $90°$ 计算的单位尺寸分别乘以 2、3、4 即可。

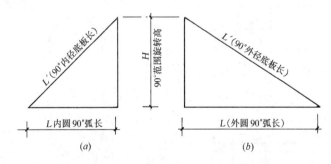

图 10-24 旋梯分解为一般楼梯

3）计算方法：旋转楼梯的模板一般比楼梯模板复杂，它是由几个曲面组成，首先将这几个曲面的外边线计算出来。

① 求出内圆、外圆水平投影在 $90°$ 范围的弧长 L：设内圆半径为 $R_内$，外圆半径为 $R_外$，内、外圆水平投影在 $90°$ 范围的弧长分别为 $L_内$、$L_外$

$$L_内 = R_内 \times 3.14 \div 2$$

$$L_外 = R_外 \times 3.14 \div 2$$

② 求出外圆三角及内圆三角的坡度 $= H : L$

内圆坡度 $=$ $90°$ 范围的旋转高/内圆 $90°$ 范围的弧长

外圆坡度＝90°范围的旋转高/外圆 90°范围的弧长

③求出 90°范围螺旋弧长所对应的半径 R_1'，加 R_2'。$R_1'＝R_1×$ 斜面系数，$R_2'＝R_2×$ 斜面系数

（2）螺旋式楼梯支模

1）螺旋楼梯支模

某工程为室外混凝土旋转楼梯，如图 10-25（a）。此楼梯盘旋绕柱而上，与砖柱结合的固定端为圈梁，楼梯踏步及栏板为旋转结构，支模时为节省螺旋圈梁、栏板耗用的木材，外模可使用镀锌薄钢板，内模使用纤维板，具体做法如下：

①在垫层上按平面图弹出地盘线，分出台阶阶数，并标出每个台阶的累积标高如图 10-25（b）及图 10-26 所示。

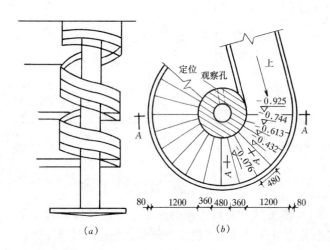

图 10-25 螺旋楼梯

（a）正视图；（b）平面图

② 固定端圈梁底用砖按坡度砌成，砌体找坡可用 $\phi6$ 钢筋焊制的坡度架控制，如图 10-27 所示。面临柱心孔一侧用镀锌薄钢板围成一个圆桶芯，如图 10-28 所示，它既可当圈梁侧模，又可随着升高定位。为定位方便，可在旋转踏步起始处左侧，留一个宽 12cm、高 24cm 的观察孔，孔内安一盏工具灯，随时可校正

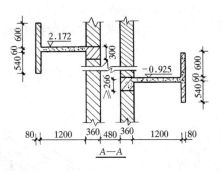

图 10-26　绕独立柱旋转楼梯 A—A 剖面图

垂球和柱孔地盘圆心柱的误差。为固定圆桶芯，可在四周挂 $4\phi6$ 钢筋，和桶芯长度相等，避免向一侧沉。

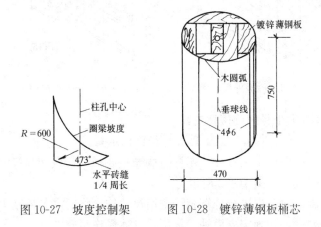

图 10-27　坡度控制架　　图 10-28　镀锌薄钢板桶芯

桶底座在临时插入内孔壁水平灰缝的钢筋头上，孔芯顶部定位孔可随时用轮杆控制砌体和楼梯外径尺寸，圈梁临踏步一侧用纤维板围成，分上、下两部分。做法同栏板内模一样。圈梁下四皮砖每隔一步砌入砖内一根 $\phi6$U 形锚环，以备加固栏板下端模板用。

③ 楼梯踏步断面为齿形，可直接按图做出木模，按地盘线位置和标高由下到上，每四阶为一组依次安放，外支撑柱根部应

161

适应向外倾斜，使楼板更加稳固。

④ 楼梯楼板镀锌薄钢板外模加三道圆弧带如图 10-29 所示。纤维板内模分上、下两部分如图 10-30 所示。上、下内模各用两道圆弧带。内、外模以四阶为一组，也随踏步木模一道，依次由下至上逐组安装。

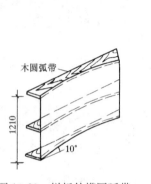

图 10-29　栏板外模圆弧带

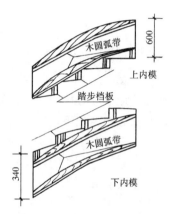

图 10-30　纤维板内模

2）大半径螺旋楼梯支模

图 10-31 所示为某工程大半径旋梯示意。

梯段楼板由牵杠撑、牵杠、搁栅、底板、帮板和踏步侧板等部分组成，如图 10-32 所示。

制作前，先进行计算画线或用尺放样，将所需各种基本数据计算列表，并确定支模轴线部位，具体操作步骤如下：

① 放线：在梯间垫层上抹水泥砂浆找平层，把梯段各轴线和等距中心线，即牵杠位置水平投影轴线，画到找平层上，并编号标记如图 10-33 所示。

② 牵杠组合架组装：为使搁栅安装方便、标准，应将牵杠和牵杠撑组合成门式骨架，用水平撑和斜撑连接。立架时下面垫木板用楔子找距，为便于找距，其斜撑的下节点应在内牵杠和组合架就位吊正拉移后，再钉牢。

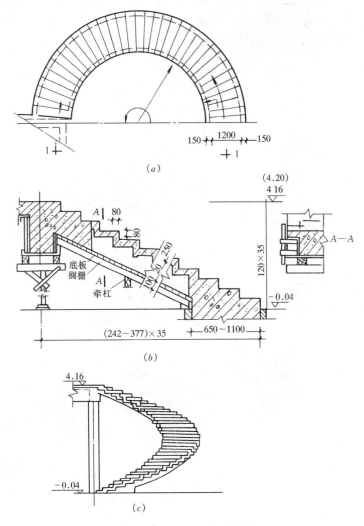

图 10-31 大半径旋梯示意

(a) 平面；(b) 1—1 剖面；(c) 侧面

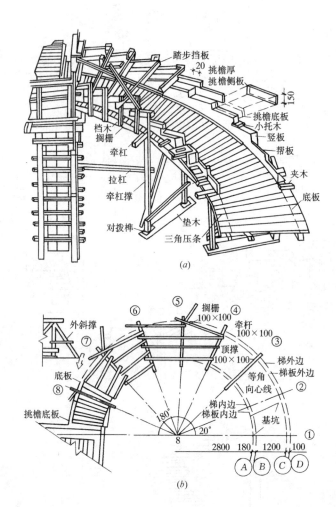

图 10-32 螺旋梯段支模示意

（a）梯段支模；（b）牵杠位置水平投影

③ 搁栅：搁栅应配合牵杠组合架安装，只要把牵杠按各自位置安装妥当，搁栅安装是比较容易的。在保证底板抗弯能力的情况下，不论采取什么形式排列，搁栅的上表面基本处于同一曲面，偏差一般不超过 2mm，应注意的是，内搁栅不要与内弧轴

线成弦线，即不要超出内圆，这样不致影响吊线和复线工作。

④ 底板：由于梯板底面曲率不同，因此采用 20～30mm 厚的模板容易使底板模形成适当扭曲。提高支模质量，在制作方法上有集中加楔、切向布置和扇形拼装等形式。施工中最好采用板缝全部是向心线的扇形方案。这种方案有统一尺寸和分别计算两种方法。按各块模板料宽度定矩下料的方法可节约木料，但在计算、制作和安装中，容易出差错。因此，采用各块模板的形状和尺寸统一的方法，可使计算和制作过程更加简便。

⑤ 帮模板：由于旋转梯一般梯板较厚，设计时多将楼板宽度略小于梯度，两侧挑出适当长度的薄板梯阶，使外形更加轻盈美观。帮模板由梯板帮和踏步挑檐组成。做法如下：

A. 梯板帮：通过计算或放样，求出内外帮模宽度，用各轴踏步模具体画线下料，将制好的帮板进行水软和锯口处理。按图进行安装。内帮先钉夹木，再安帮板和三角压条。外帮相反，先钉三角木，最后钉夹木。当梯半径小于 2m 时，帮板不易弯曲就位，就得采用小板拼装的方法。

B. 踏步挑檐模：由底板、竖板和侧板等组成，如图 10-33

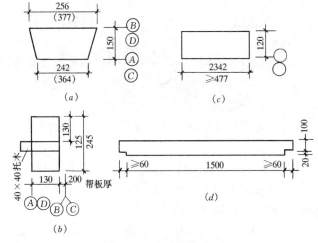

图 10-33　旋梯挑檐模板

所示。挑檐板用 20mm 厚模板制作。

⑥ 踏步挡板：用 30mm 厚的模板加工成宽为踏步高、长大于梯宽再加 100mm 的挡板。由于挑梁侧板比踏步面高出 20mm，因此，在中间为梯宽的两端锯高度为 20mm 的缺口，把制好的挡板固定在侧板及挡木侧面，用拉杆顶棍加固。

最后，用斜撑拉杆等把整个梯模，特别是外侧模加固稳定，然后就可检查验收。

（九）大 模 板 施 工

大模板是一种大型的定型模板，可以用来浇筑混凝土墙体和楼体。模板尺寸一般与楼层高度和开间尺寸相适应，采用大模板，并配以相应的施工机械，通过合理的施工组织，以工业化生产方式在现场浇筑钢筋混凝土墙体，这就是大模板施工。

1. 大模板的构造

（1）大模板的分类

1）按大模板板面材料分可分为木质板面、金属板面、化学合成材料板面。

2）按大模板组拼方式分可分为整体式模板、模数组合式模板、拼装式模板。

3）按大模板构造外形分可分为平模、小角模、大角模、筒子模。

（2）大模板的组成

大模板主要由板面系统、支撑系统、操作平台和附件组成，如图 10-34 所示。

1）面板系统：面板系统包括面板、小肋板、横肋和竖肋。它的作用是使混凝土墙面具有设计要求的外观。因此，要表面平整，拼缝严密，具有足够的强度和刚度。

2）支撑系统：支撑系统包括支撑架和地脚螺栓。其作用是传递水平荷载，防止模板倾覆。因此，除了必须具备足够的强度

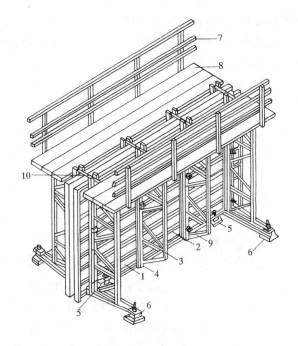

图 10-34　大模板组成构造示意图

1—面板；2—水平加劲肋；3—支撑桁架；4—竖楞；5—调整水
平度的螺旋千斤顶；6—调整垂直度的螺旋千斤顶；7—栏杆；
8—脚手板；9—穿墙螺栓；10—固定卡具

外，尚应保证模板的稳定。

　　一块模板至少设两个支撑架，支撑架通过螺栓与竖肋相连。
为调节模板的垂直度，在支撑下安设地脚螺栓。在面板下也安两
个地脚螺栓，可以调整模板的水平标高。

　　3）操作平台：操作平台包括平台架、脚手平台和防护栏杆。
操作平台是施工人员操作的场所和运行的通道。平台架插放在焊
于竖肋上的平台套管内，脚手板铺在平台架上，防护栏杆可上下
伸缩。

　　4）附件：穿墙螺栓、上口卡子是模板重要的附件。穿墙螺栓
的作用是加强模板刚度，承受新浇混凝土侧压力控制模板的间距。

穿墙螺栓用 $\phi 30$ 的 45 号钢制作，长度随墙厚度而定，一端带螺纹，螺纹长 120mm，以适应 140～200mm 厚墙体的施工。另一端用板销销紧在模板上，以保证浇筑混凝土时模板不外胀。板销厚 8mm，大头宽 40mm，小头宽 30mm，如图 10-35 所示。

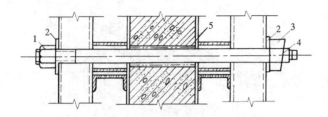

图 10-35　穿墙螺栓联结构造

1—螺母；2—垫板；3—板销；4—螺杆；5—套管

墙体的厚度由两块模板之间套在穿墙螺栓外的硬塑料管来控制，塑料管长度等于墙的厚度。塑料管待拆模后敲出，可重复利用。穿墙螺栓一般设置在大模板的上、中、下三个部位。模板上口卡子又称铁卡，也用来控制墙体厚度和承受一部分混凝土侧压力。铁卡用 $\phi 30$ 的 45 号钢制作，如图 10-36 所示。

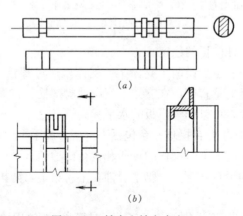

(a)

(b)

图 10-36　铁卡和铁卡支座

(a) 铁卡；(b) 铁卡支座

（3）大模板的布置方案

1）平模：采用平模布置方案的主要特点是横墙与纵墙混凝土分两次浇筑。在一个流水段范围内，先支横墙模板，待拆模后再支纵墙模板。平模布置如图10-37所示。

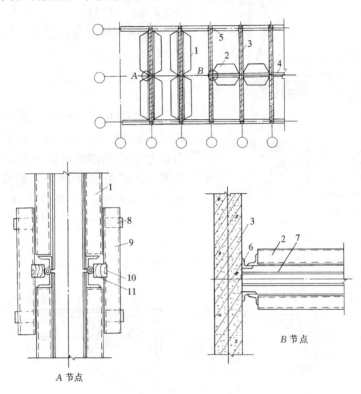

A 节点

B 节点

图 10-37　平模平面布置示意图
1—横墙平模；2—纵墙平模；3—横墙；4—纵墙；5—预制外墙板；6—补缝角模；7—拉结钢筋；8—夹板支架；9—［8夹板；10—木楔；11—钢管

平模方案能够较好地保证墙面的平整度。所有模板接缝均在纵横墙交接的阴角处，便于接缝处理，减少修理用工，模板加工量较少，周转次数多，适用性强，模板组装和拆卸方便，模板不落地或少落地。但由于纵横墙要分开浇筑，竖向施工缝多，影响

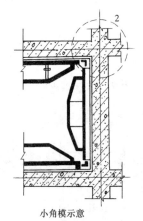

小角模示意

L160×8

L40×4

－4钢板

8号槽钢

②

图 10-38　小角模

房屋整体性，并且安排施工比较麻烦。

2）小角模。小角模是为了适应纵横墙一起浇筑而在纵横墙相交处附加一种模板，通常用 L100×10 的角钢制成。它设置在平模转角处，从而使得每个房间的内模形成封闭支撑体系，如图 10-38 所示。

小角模有带铰链和不带铰链两种，如图 10-39 所示。小角模布置方案使纵横墙可以一起浇筑混凝土，模板整体性好，组拆方便，墙面平整。但墙面接缝多，修理工作量大。角模加工精度要求也比较高。

3）大角模：大角模系由上下四个大铰链连接起来的两块

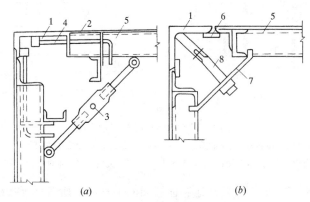

(a)　　　　　　　　　　(b)

图 10-39　小角模构造示意图

(a) 带铰链的小角模；(b) 不带铰链的小角模

1—小角模；2—铰链；3—花篮螺栓；4—转动铁拐；5—平模；6—扁铁；
7—压板；8—转动拉杆

170

平模，三道活动支撑和地脚螺栓等组成，其构造如图10-40所示。

　　大角模方案，房间的纵横墙体混凝土可以同时浇筑，故房屋整体性好。它还具有稳定、拆装方便，墙体阴角方整，施工质量好等特点。但是大角模也存在加工要求精细，运转麻烦，墙面平整度差，接缝在墙中部等缺点。

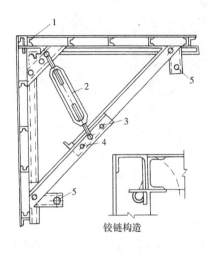

图 10-40　大模板构造示意图

1—铰链；2—花篮螺栓；3—固定销子；

4—活动销子；5—调整用螺旋千斤顶

　　4）筒子模：筒子模是将一个房间三面现浇墙体模板，通过挂轴悬挂在同一钢架上，墙角用小角模封闭而构成一个筒形单元体，如图10-41所示。

　　采用筒子模方案，由于模板的稳定性好，纵横墙体混凝土同时浇筑，故结构整体性好，施工简单。减少了模板的吊装次数，操作安全，劳动条件好。缺点是模板每次都要落地，且模板自重大，需要大吨位起重设备。模板加工精度要求高，灵活性差，安装时必须按房间弹出十字中线就位，比较麻烦。

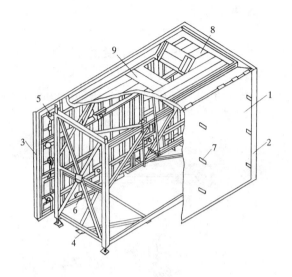

图 10-41　筒子模

1—模板；2—内角模；3—外角模；4—钢架；5—挂轴；
6—支杆；7—穿墙螺栓；8—操作平台；9—出入孔

2. 大模板的施工

大模板施工的机械化程度较高，为了保证工程进度和施工质量，必须事先根据大模板施工的特点，制定出施工组织设计，并结合建筑的平面布置，合理地划分施工段，采取分段流水作业，使工程有节奏地正常进行。

大模板现浇墙体的施工程序如图 10-42 所示。

（1）内墙现浇外墙预制的大模板建筑施工

这种施工方法是采用预制混凝土外墙板，大模板在现场支模浇筑内墙混凝土，采用这种工艺可以将工厂预制装配化和现场机械化结合起来，同时发挥装配和现浇两种方法的优点。

1）施工程序如图 10-43 所示。

2）技术要求和操作要点

① 抄平放线：抄平放线包括弹轴线、墙身线、模板就位线，门口、隔墙、阳台位置线和抄平水准线等工作。

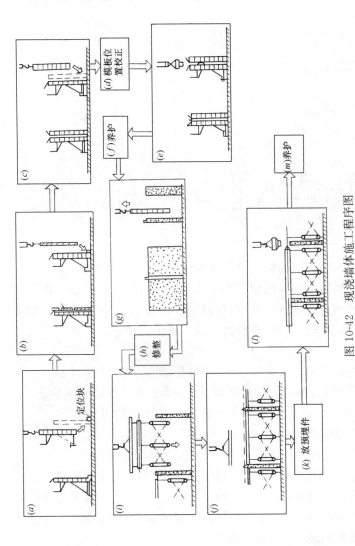

图 10-42 现浇墙体施工程序图

(a) 立一侧墙体模板；(b) 安放钢筋及各种预埋管线；(c) 吊放另一侧模板；(d) 位置校正；(e) 浇筑混凝土；(f) 养护；
(g) 脱模；(h) 修整；(i) 吊放楼板模板；(j) 放钢筋和管线；(k) 放置预埋件；(l) 浇筑混凝土；(m) 养护

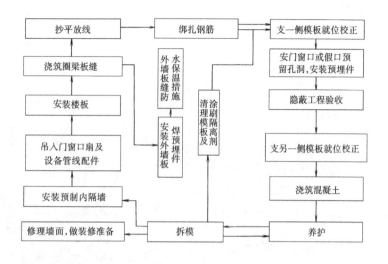

图 10-43　施工程序

在每栋建筑物的四角和流水段分段处，应设置标准轴线控制桩，再用经纬仪根据标准轴线桩引出各层控制轴线。由控制轴线放出其他轴线以及门窗口位置线。为了便于支模，在放墙身线时，也同时放出模板就位线。采用筒子模时，还应放出十字线。

每栋建筑均应设水准点，在底层墙上确定控制水平线，并用钢尺引测各层标高。为控制楼层标高，在确定外墙板找平层、混凝土内墙上口标高以及模板标高时，应预先进行抄平。

② 钢筋敷设：在安装外墙板前，应剔除并理直钢筋套环，内外墙的钢筋套环要重合，按设计要求插入竖向钢筋。

③ 模板安装：大模板进场后要核对型号，清点数量，清除表面锈蚀。用醒目的字体在模板背面注明标号。模板就位前还应认真涂刷隔离剂，将安装处楼面清理干净，检查墙体中心线及边线，准确无误后方可安装模板。

安装模板时，应按顺序吊装，按墙身线就位，并通过地脚螺栓，用双十字靠尺反复检查，校正模板的垂直度。模板合模前，

174

还要检查门窗洞口模板和穿墙螺栓套管是否遗漏，位置是否正确，安装是否牢固，并清除在模板内的杂物。模板校正合格后，在模板顶部安放上口卡子，并紧固穿墙螺栓。紧固时要松紧适度，过松影响墙体厚度，过紧会将模板顶成凹坑。

为了防止模板底部漏浆，在模板就位固定后，用木条或密封条堵严。并且在安放模板前抹水泥砂浆找平层。

门口模板的安装方法有两种。一种是先立门洞模板，后安门框；另一种是直接立门框。先立门洞的做法，若门洞的设计位置固定，则可在模板上打眼，用螺栓固定门洞模板比较简便。

④ 模板拆除

在常温条件下，墙体混凝土强度必须超过 $1N/mm^2$ 时方准拆模。拆模的顺序是：首先拆除全部穿墙螺栓，拉杆及花篮卡具，再拆除补缝木方，卸掉埋设件的定位螺栓和其他附件，然后将每块模板的底部螺栓稍稍升起，使模板在脱离墙面之前应有少许的平行滑动，随后松动后面的底脚螺栓，使模板自动倾斜脱离墙面，然后将模板吊起。在任何情况下，不得在墙上口晃动、撬动或敲砸模板。模板拆除后，应及时清理表面。

（2）内外墙全现浇的大模板建筑施工

内外墙均为现浇混凝土的大模板体系，以现浇外墙代替预制外墙板，提高了建筑物的整体刚度。

1）施工程序：内外墙全现浇的大模板施工工艺按外墙模板形式不同，分为悬挑式外模和外承式外模两种施方法。

① 采用悬挂式外模的施工程序，如图 10-44 所示。

② 采用外承式外模时施工程序，如图 10-45 所示。

2）外墙支模：全现浇大模板施工中，重点要做好外墙的支模工作，它关系到工程质量和施工的安全。外墙的内侧模板与内墙模板一样，支承在楼板上，外侧模板有两种支设方法。

① 当采用悬桃式外模施工时，支模顺序为：先装内墙模板，再安装外墙内侧模板，然后将外墙外模板通过内模上端的悬壁梁挂在内模上。悬臂梁可采用一根 8 号槽钢焊在外侧模板的上口

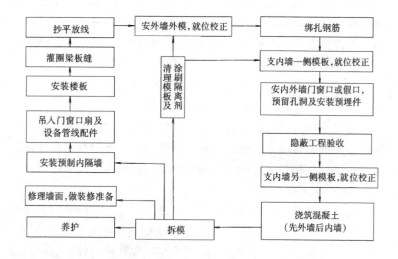

图 10-44 悬挂式外模施工程序

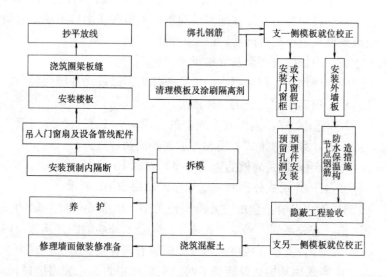

图 10-45 外承式外模施工程序

横筋上，内外墙模板之间用两道对销螺栓拉紧，下部靠在下层外墙混凝土壁。如图 10-46 所示。

② 当采用外承式外模板时，可先将外墙外模板安装在下层混凝土外墙面上挑出的支承架上，如图 10-47 所示。支承架可做成三脚架，用 L 形螺栓通过下一层外墙预留孔挂在外墙上，为了保证安全，要设防护栏杆和安全网。外墙外模板安装好后，再安装内墙模板和外墙的内侧模板。

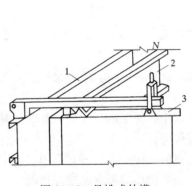

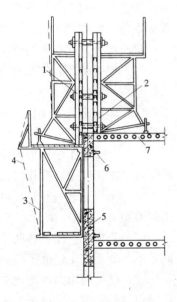

图 10-46　悬挑式外模
1—外墙外模；2—外墙内模；
3—内墙模板

图 10-47　外承式外模
1—外墙外模；2—外墙内模；3—
外承架；4—安全网；5—现浇外
墙；6—穿墙卡具；7—楼板

3）门窗洞口支模：全现浇结构的外墙门窗洞口模板，宜采用固定在外墙里模板上活动折叠模板、门窗洞口模板与外墙钢模用铰链连接，可转动 90°，洞口支好后，用固定在模板上的钢支撑顶牢。

177

（十）爬升模板施工

爬升模板（简称爬模）的施工工艺，是综合大模板施工和滑模施工原理的基础上，改进和发展起来的一项施工工艺。这种工艺自 20 世纪 70 年代起，在国内外相继运用于现浇钢筋混凝土结构的高层建筑施工中，尤其是用在高层建筑外墙外模板，并且与脚手架连在一起爬升，使得工程质量、安全生产、缩短工期、降低成本等方面收到了较好的效果。

爬模施工具有以下特点：

（1）模板的爬升依靠自身系统的设备，不需要塔式起重机或其他垂直运输机械。避免用塔吊施工常受大风影响的弊病。

（2）爬模施工中模板不用落地，不占用施工场地，特别适用于狭小场地的施工。

（3）爬模施工中模板固定在已浇筑的墙上，并附有操作平台和栏杆，施工安全，操作方便。

（4）爬模工艺每层模板可做一次调整，垂直度容易控制，施工误差小。

（5）爬模工艺受其他的干扰较小，每层的工作内容和穿插时间基本不变，施工进度平稳而有保证。

（6）爬模对墙面的形式有较强的适应性。它不只是用于施工高层建筑的外墙，还可用来施工现浇钢筋混凝土芯筒和桥墩，以及冷却塔等。尤其在现浇艺术混凝土施工中，更具有优越性。

1. 爬模的构造与爬升原理

（1）爬模的构造

爬模的构造主要包括：爬升模板、爬升支架和爬升设备三部分，如图 10-48 所示。

1）爬升模板：它的构造与大模板中的平模基本相同，高度为层高加 50～100mm，其长出部分用来与下层墙搭接。横板下口需装有防止漏浆的橡皮垫衬。模板的宽度根据需要而定，一般与开间宽度相适应，对于山墙有时则更大，模板下面还可装吊脚手架，以便操作和修整墙面用。

2）爬升支架（简称爬架）：它是一格构式钢架，由上部支承架和下部附墙架两部分组成。支承架部分的长度大于两块爬模模板的高度。支承架的顶端装有挑梁，用来安装爬升设备，附墙架由螺栓固定在下层墙壁上。只有当爬架提升时，才暂时与墙体脱离。

3）爬升设备：目前爬升设备有捯链以及滑模用的 QYD-35 型穿心千斤顶。还有用电动提升设备，当使用千斤顶设备时，在模板和爬架分别增设爬杆，以便使千斤顶带着模板或爬架上、下爬动。

（2）爬升原理

爬模的爬升原理是：大模板依靠固定于钢筋混凝土墙身上的爬架和安装在爬架上的提升设备上升、下降，以及进行脱模、就位、校正、固定等作业。爬架则借助于安装在大模板上

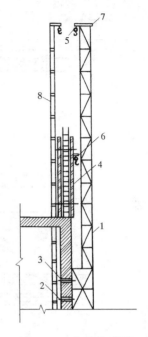

图 10-48　爬模构造图

1—爬架；2—穿墙螺栓；3—预留爬架孔；4—爬模；5—爬模提升装置；6—爬架提升装置；7—爬架挑横梁；8—内爬架

的提升设备进行升降、校正、固定等作业。大模板和爬架相互作用支承并交替工作，来完成结构施工，如图 10-49 所示。

2. 爬模施工程序

由于爬模的附墙架需安装在混凝土墙面上，故采用爬模施工时，底层结构仍需采用大模板或者一般支模的方法。当底层混凝土墙拆除模板后，方可进行爬架的安装。爬架安装好以后，就可以利用爬架上的提升设备，将二层墙面的大模板提升到三层墙面的位置就位，届时完成了爬模的组装工作，可进行结构标准层爬模施工。其施工程序如图 10-50 所示。

179

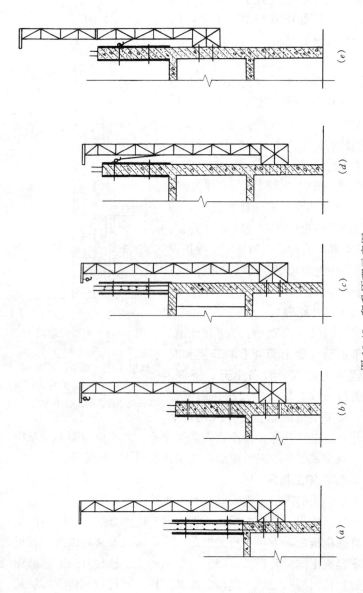

图 10-49 爬升原理示意图

(a) 固定爬架、支上层楼板； (b) 浇上层混凝土； (c) 提升爬模，浇筑上层楼面混凝土； (d) 浇墙身混凝土； (e) 提升爬架

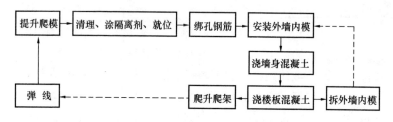

图 10-50　标准层爬模施工程序图

3. 模板与爬架的布置

（1）模板布置原则

1）外墙模板可以采用每片墙一整块模板，一次安装，这样可减少起模和爬升分块模板装拆的误差。但模板的尺寸受到制作、运输和吊装条件等限制，不可能做得过大。往往分成几块制作，在爬架和爬升设备安装后，再将各分块模板拼成整块模板，使用结束后再拆成分块模板吊至地面。由于每个分块模板在拼装或拆卸时均需有一个爬架及两个爬升设备悬吊，所以两块模板的拼接处应在两个爬架之间的中部。

2）预制楼板结构高层建筑，采用爬模布置模板时，先布置内模，再考虑外模和爬架。外模的对销螺栓孔及爬架的附墙连接螺栓孔应与内模相符。

全现浇结构的内模如用散杯散装模板，布置模板的程序是爬架、外模和内模。内模固定是根据外模的螺栓孔临时钻孔，设置横肋与竖肋。

3）尽量避免使用角模。因角模在起模时容易使角部混凝土遭受损伤。如必须用角模时，应将角模做成铰链形式，使带角部分的模板在起模前先行脱离混凝土面。

（2）爬架布置原则

1）爬架间距是根据爬架的承载能力和重量综合考虑。由于每个爬架装 2 只液压千斤顶或 2 只环链捯链，每只爬升设备的起重能力为 10～15kN。因此，每个爬架的承载能力为 20～30kN。再加模板连同悬挂脚手架重 3.5～4.5kN/m。故爬架间距一般为

4～5m。

2）爬架位置应尽可能避开窗洞口，使爬架的附墙架始终能固定在无洞口的墙上，若必须设在窗洞口位置且用螺栓固定时，应假设全部荷载作用在窗洞上的钢筋混凝土梁上，对梁的强度要进行验算。爬架设在窗洞口上，最好是在附墙架上安活动牛腿搁在窗台上。由窗台承受爬架传来的垂直力，再用螺栓连接以承受水平力。

3）爬架不宜设在墙的端部，因为模板端部必须有脚手架，操作人员要在脚手架上进行模板封头和校正。

4）一块模板上根据宽度需布置3个及3个以上爬架时，应按每个爬架承受荷载相等的原则进行布置。

4. 爬模施工工艺要点

1）爬架组装：爬架的支承架和附墙架是横卧在平整的地面上拼装的，经过质量检查合格后再用起重机安装在墙上。

将被安装的墙面需预留安装附墙架的螺栓孔，孔的位置要与上面各层的附墙螺栓孔位置处于同一垂直线上。墙上留孔的位置越精确，爬架安装的垂直度越容易保证。安装好爬架后要校正垂直度，其偏差值宜控制在 $h/1000$ 以内。

2）模板的爬升

模板的爬升须待模板内的墙身混凝土强度达 $1.2～3N/mm^2$ 后方可进行。

首先要拆除模板的对销螺栓，固定模板的支撑以及不同时爬升的相邻模板间的连接件，然后起模。起模时可用撬棒或千斤顶使模板与墙面脱离。接着就可以用提升爬架的同样方法和程序将模板提升到新的安装位置。

模板到位后要进行校正。此时不仅要校正模板的垂直度，还要校正它的水平位置，特别是拼成角模的两块模板间拼接处，它们的高度一定要相同，以便连接。

5. 注意事项

（1）使用千斤顶进行大模板或爬架爬升时，每次只将一种用途的千斤顶油路接通，完成一种用途的动作。严禁爬升大模板和爬升架的千斤顶同时动作。

（2）用捯链爬升爬架时，事前应排除一边提升障碍。一块大模板上的两只捯链要同步提升，爬架到位后，穿墙螺栓固定完毕才可以松动捯链链条。

（3）当墙身混凝土达到脱模强度，将大模板向外起出时，要求起模各点同时进行，特别是装饰混凝土墙，要防止单边起模引起装饰线条碰损。对于平模，起模时混凝土墙的强度应不小于1.2MPa，对于艺术混凝土模板，应视装饰线条的易损程度，适当提高起模时的混凝土强度。起模后，模板与混凝土墙应保留一定间隙。

十一、装修及装饰工程

（一）吊　顶

吊顶是现代室内装修的重要部分。吊顶可以降低房间的高度；吊顶内可以安装电气管线、空调通道；遮盖房屋结构的横梁，改善室内的隔声和音响效果，提高室内的隔热、保温性能。

从装饰上，吊顶可以调节室内的气氛，使人感到静逸、舒适、有艺术感。

吊顶装修可采用多种材料和不同的结构形式，以适应不同的技术、装饰要求。

吊顶按结构材料分有木吊顶、轻钢龙骨吊顶、铝合金吊顶等。

吊顶按结构形式分为直接式吊顶和悬挂式吊顶。

吊顶按面板材料不同分为实木板吊顶、木制材料吊顶、板条抹灰吊顶、石膏板吊顶、矿棉水泥板吊顶、金属吊顶、塑料系列吊顶和玻璃吊顶等。

吊顶又可分为暗龙骨吊顶和明龙骨吊顶。

1. 木吊顶

（1）木吊顶的种类和构造

在钢筋混凝土板下木吊顶的种类和构造见表11-1。

（2）木吊顶的施工工艺

1）吊顶格栅

① 吊顶格栅安装前先按设计要求弹线找平，并找出起拱度，一般为房间宽度的1/200。

② 沿墙纵向应预埋木砖，间距1m左右，用以固定安装格

栅的方木。

③ 格栅的接头，凡断裂、大节疤处都需用双面夹板钉牢，且接头位置应错开。

钢筋混凝土板下木吊顶的种类和构造　　　　　表 11-1

吊顶种类	构造简图	说　明
肋形板下板条吊顶		在肋形板缝上面放 $\phi 8$ 短钢筋头，用 8 号钢丝一端固定在短钢筋上，另一端与吊顶格栅绑扎拧紧，在吊顶格栅下面钉灰板条
现浇钢筋混凝土板下板条吊顶		在现浇混凝土板中预埋 8 号钢丝，在顺梁方向绑扎固定格栅，再用吊木固定吊顶格栅，下面钉灰板条
木丝板吊顶		格栅和吊顶格栅固定方法同上，但吊顶格栅的间距应根据木丝板的尺寸确定，在吊顶格栅下面钉木丝板，接缝处加压条

④ 吊顶格栅的间距为 400mm，如为轻质板材吊顶时，格栅的间距以 400～600mm 为宜，并应符合所用板材的规格。吊木应交错地固定于吊顶格栅的两侧。

2）板条吊顶

① 板条接头应在吊顶格栅上，不应悬空，在同一线上每段接头长度不宜超过 50cm，同时必须错开。

② 板条需用锯锯断，不应用斧砍。板条两端各钉两个 25mm 钉子，中间钉一个钉子。

③ 板条接头一般应留 3～5mm 地缝隙，板条间地灰口缝隙一般为 7～10mm。

④ 采用清水板条吊顶时，板条必须三面刨光，断面规格一致。

3）木板吊顶

① 刨出的木板宽窄、厚薄要一致，错口要直，要严密。

② 钉帽必须砸扁，顺木纹冲入板内 3mm，钉行要直，间距要均匀，板子接头要错开，并锯齐。

③ 裁口板需倒棱，一般沿墙边须加盖口条。

（3）吊顶质量标准

吊顶施工质量应符合现行国家标准《建筑装饰装修工程质量验收规范》GB 50210 的相关规定。

2. 轻钢龙骨吊顶

轻钢龙骨是安装各种罩面板的骨架，为木龙骨的换代产品。

轻钢龙骨一般采用薄钢板卷压成型，它配以不同材质，不同花色的罩面板不仅改善肋建筑物理热学、声学特性，也直接形成了不同的装饰艺术和风格，因而广泛应用于影剧院、音乐厅、会堂等较大的地方。

（1）主要结构

轻钢龙骨罩面板吊顶主要有两大部分组成。一部分是由主龙骨、次龙骨、横撑龙骨及其配件构成的龙骨体系如图 11-1 所示。另一部分是各种罩面板，这就构成了轻钢龙骨罩面板施工体系。

龙骨按断面形状分为 U 形龙骨和 C 形龙骨。图 11-2 所示为 CS60 和 C60 两种系列的龙骨及其配件。罩面材料主要有石膏板和矿棉板。

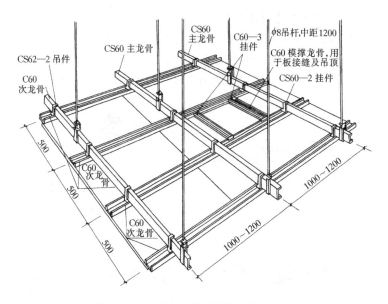

图 11-1　U 形上人吊顶龙骨安装示意图

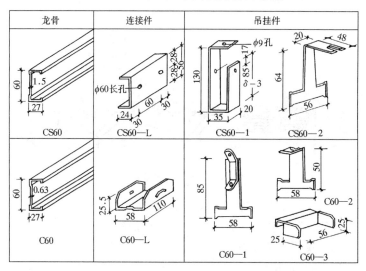

图 11-2　CS60、C60 系列龙骨及其配件

（2）轻钢龙骨的分类

1）按吊顶的承载能力，可分为上人吊顶和不上人吊顶。

2）按吊顶形状，可分为平吊顶、人字形吊顶、斜面吊顶和变高度吊顶，如图11-3所示。图11-4为吊顶形状示意图。

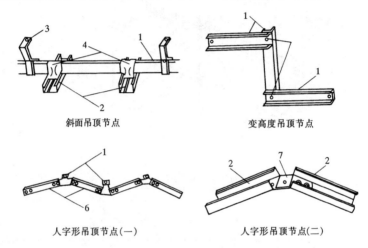

斜面吊顶节点　　　　　　　　　变高度吊顶节点

人字形吊顶节点（一）　　　　　　人字形吊顶节点（二）

图11-3　斜面吊顶、变高吊顶、人字形吊顶节点

1—主龙骨；2—次龙骨；3—主龙骨吊挂件；4—次龙骨吊挂件；5—螺栓；

6—大龙骨插挂件；7—中龙骨插挂件

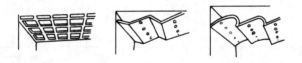

图11-4　吊顶形状示意图

（3）操作工艺顺序

弹线定位→固定吊杆→安装与调平龙骨架→安装板材

（4）操作工艺要点

1）弹线定位

① 弹线定出标高线：弹标高线的基准一般以室内水平基准线为准，吊顶标高线可弹在四周墙面或柱子上。

② 龙骨布置分格定位线：按设计要求及饰面材料的规格尺寸决定。

布置的原则：尽量保证龙骨分格的均匀性和完整性，以保证吊顶有规整的装饰效果。

2）固定吊杆

① 吊杆与结构的固定方式要按上人和非上人吊顶的方式来决定，如图 11-5、图 11-6 所示。

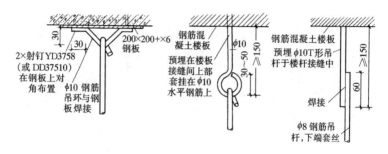

图 11-5　上人吊顶吊杆的连接

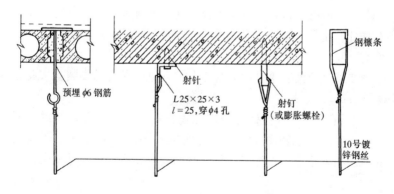

图 11-6　不上人吊顶吊杆的连接

② 吊杆的间距一般为 900～1500mm，其大小取决于荷载。一般为 1000～1200mm。

③ 非上人吊顶可采用伸缩式吊杆，它的特点可以进行调整。

3）安装与调平龙骨架

① 用吊杆将各条主龙骨吊起到预定高度，并进行校正。

② 主龙骨、次龙骨、挂插件及吊挂件和吊杆的连接关系，如图 11-7 所示。

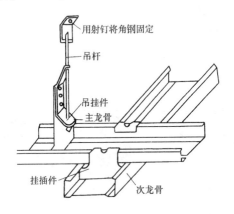

图 11-7　不上人吊顶吊挂件安装示意

③ 主龙骨的间隔定位。先在数条长木方上按主龙骨的间隔钉上一排钢钉，再将长方木条横放在主龙骨上，并用钢钉卡住各主龙骨，使其按规定间隔定位。长木方条的两端应钉在两边的墙上。

如果吊顶没有主、次龙骨之分、其纵向龙骨的安装也按此方法进行。

④ 用连接件（挂插件）把龙骨安装在主龙骨上，并进行固定，其方法可参阅图 11-7。次龙骨的安装间距应按施工图规定安装。如果施工图未标出间距，则需要根据饰面板尺寸来考虑间距，通常两条次龙骨中心线的间距为 600mm，如图 11-8 所示。次龙骨的安装程序，一般是按照预先弹好的位置，从一端依次安装到另一端，如有高低跨时，则先装高跨

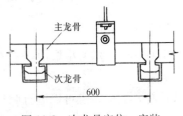

图 11-8　次龙骨定位、安装

部分，后装低跨部分。

4）安装板材

① 安装形式：轻钢龙骨石膏板吊顶的饰面板一般可分为两种类型：一种是基层板需要在板的表面做其他处理；另一种板的表面已经做过装饰处理（即装饰石膏板类），将此板固定在龙骨上即可。固定方法用自攻螺钉将饰面板固定在龙骨上，自攻螺钉必须是平头的，如图11-9所示。

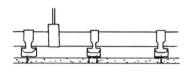

图11-9　用自攻螺钉固定饰面板

② 板材安装方法：基层板的定位及铺面固定时，应采取在吊顶面上交错布置的方法，以便减少变形量和对接缝集中在一起的现象。用自攻螺钉固定板面，其间距一般为150～200mm，且螺帽必须沉入板面内2～3mm。固定板面时，应注意控制拼缝的平直。控制具体做法是按板的规格尺寸，拉出纵横的拼缝控制线，按线对缝固定。

5）特殊部位的处理（收口处理）

① 吊顶与墙柱面结合部处理：一般采用角铝做收口处理，其结合方式可分为平接式或留槽式，如图11-10所示。

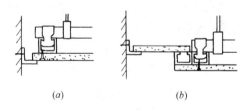

(a)　　　　　　　　　(b)

图11-10　吊顶与墙柱面结合
（a）平接式；（b）留槽式

② 吊顶与窗帘盒的结合部处理：一般采用角铝或木线条做收口处理，其方式如图11-11所示。

③ 吊顶与灯盘的结合处理：安排灯位时，应尽量避免使主龙骨截断，如果不能避免，应将断开的龙骨部分用加强的龙骨再

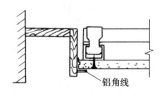
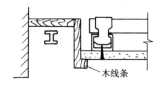

铝角线　　　　　　　　　木线条

图 11-11　吊顶与窗帘盒的结合

连接起来，如图 11-12 所示。灯槽的收口也可用角铝线与龙骨连接。

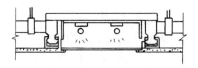
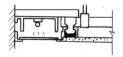

图 11-12　吊顶与灯盘的结合

（5）质量标准

吊顶施工质量应符合现行国家标准《建筑装饰装修工程质量验收规范》GB 50210 的相关规定。

3. 艺术吊顶

艺术吊顶具有丰富的面板形式和良好的艺术效果，用灯光照明来增强其色彩的感染力。其承重结构，根据吊顶造型和跨度，以及面板材料而灵活采用，可用木料、型钢、轻型型材或几种材料配合使用。艺术吊顶的施工工艺同一般的木吊顶、轻钢龙骨吊顶和铝合金吊顶。不同的是在面板图案形式和增设适当的照明。

（1）反光灯槽：反光灯槽按形式不同有两种，一种为开敞式反光灯槽，其反光源不封闭；另一种为封闭式反光灯槽，其反光源电透明或半透明材料封闭。

1）反光灯槽的构造

轻钢龙骨石膏板吊顶反光灯槽的构造如图 11-12 所示。木吊顶反光灯槽的构造如图 11-13 所示。

2）开敞式反光灯槽，如图 11-14、图 11-15 所示。

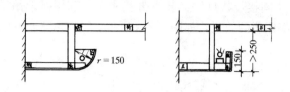

图 11-13　木吊顶反光灯槽的构造与处理

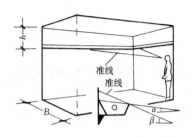

图 11-14　开敞式反光灯槽

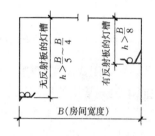

图 11-15　灯槽的设计要求

开敞式反光灯槽常见的有以下形式：

① 半间接式反光灯槽：用半透明或扩散材料作灯槽，如图 11-16 所示。

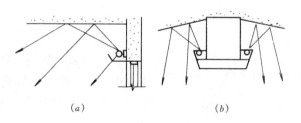

（a）　　　　　　　　　　（b）

图 11-16　半间接式反光灯槽

（a）壁式；（b）悬挂式

② 平行反光灯槽：灯槽开口方向与人们的视线方向相同，如图 11-17 所示。

③ 侧向反光灯槽：利用墙面的反射作用形成侧面光源，如图 11-18 所示。

④ 半间接带状灯槽：装有带状光源，利用弧形吊顶的反射取得局部照明的效果，如图 11-19 所示。

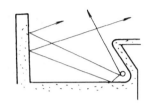

图 11-17　平行反光灯槽　　　图 11-18　侧向反光灯槽

3）封闭式反光灯槽：封闭式反光灯槽设于吊顶内，其高度图同吊顶。常见的形式以下两种：

① 反射式光龛。设于梁间，利用梁间的吊顶反射，可使室内光线均匀柔和，如图 11-20 所示。

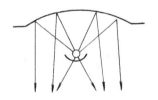
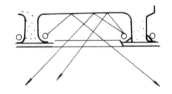

图 11-19　半间接式带状灯槽　　　图 11-20　反射式光龛

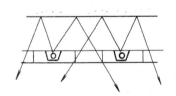

图 11-21　组合反光灯槽

② 组合反光灯槽。将反光灯槽组成图集，配以不同色彩的光源可增加室内的美感，如图 11-21 所示。

（2）发光吊顶：发光吊顶是利用设置在吊顶的发光源直接照明这个室内。发光吊顶的面板常用扩散裁口（如乳白玻璃、粘有花饰塑料花膜的普通玻璃、玻璃磨花等）和半透明有机玻璃格片、不透明的铝合金、不锈钢格片等。常见的形式如图 11-22 所示。

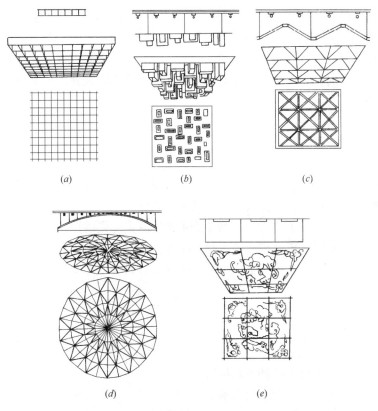

图 11-22　发光吊顶

（a）格片式；（b）盒式；（c）棱台式；（d）繁花式；（e）图案式

4. 吊顶中常见的质量通病和防治

（1）龙骨不平直：龙骨安装后，未逐一拉通线或龙骨本身受扭折都将引起龙骨不平直，影响感观质量。因此，吊顶构件材料进场，除加强验收外，堆放要平整，对长料要多设垫木，以防变形。安装时要小心，龙骨安装完毕，应逐根校核，及时修理。

（2）吊顶平整度差：主龙骨就位后，拉麻绳或尼龙绳校核不认真或在整个平顶范围内拉的线绳数量太少，间距过大，都会导致吊顶平整度差。发生平整度差，可调节相应吊筋与吊件的螺帽加以调整。

（3）面板不对称：安装分格龙骨时，未拉出房间纵横中心线，以致顶棚左右、前后不对称；当分档数为单数时，第一根分格龙骨应安置在距纵、横中心线为1/2相应龙骨间距处；分档数为双数时，第一根分格龙骨应安置在纵横中心线处。严重不对称的吊顶必须返工重做。

5. 安全施工注意事项

（1）进入施工现场必须戴好安全帽。

（2）吊顶宜搭满堂脚手。搭设要牢固、稳定，满铺脚手板，脚手板与脚手架固定应不少于两点。满堂脚手上的木工操作台、台脚下应铺宽大的垫头板，以免发生意外。

（3）操作人员上、下满堂脚手架，应走专设的扶梯。

（4）需要电焊配合施工时，必须做好防火措施。

（5）满堂脚手架上，不要集中堆放材料，以免超载。

（二）地 板 铺 设

1. 木地板

（1）木地板的种类和构造

室内装饰工程中的木地板通常有空铺和实铺两种。

目前以实铺木地板为多。实铺木地板的基层是框架和水泥或沥青砂浆，面层是硬木板。它是以钉或粘的方法与毛地板或砂浆连接的。木地板的构造如图11-23所示。

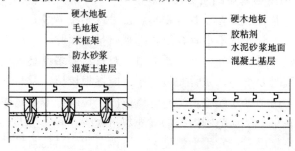

图 11-23 实铺木地板构造

木地板面层按块状形状可分为条形地板和拼花木地板。

1）操作工艺顺序：

基层处理→弹线、抄平→安装木框架、固定→弹线、钉毛地板→找平、刨平→弹线、钉硬木面板→找平、刨平→弹线、钉踢脚板→刨光、打磨

2）操作工艺要点

① 基层清理。基层上的砂浆、垃圾及杂物，应全部清理干净。

② 弹线、抄平。先在基层上设计规定的木框架间距（一般纵向不大于 800mm，横向不大于 400mm）弹出十字交叉点。

依水平基准线，在四周墙面上弹出地面设计标高线。供安装木框架调平时使用。

③ 安装木框架。木框架通常是方框结构和长方框结构。木框架可有主次木方之分，也可无主次木方之分。主木方是木框架承重部分，截面尺寸通常大于次木方，次木方是木框

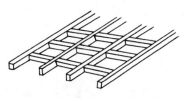

图 11-24　木框架

架的横撑部分，如图 11-24 所示。木框架制作时，与木地板基板接触的表面一定要刨平。有主次木方之分的框架，木方的连接可用半榫式扣接法，如图 11-25 所示。

木框架直接与地面固定常用埋木楔的方法，即用 $\phi16$ 的冲击

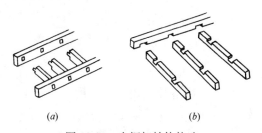

(a)　　　　　　　　　(b)

图 11-25　木框架结构构造

(a) 有主次木方的木框架连接；(b) 无主次木方之分的木框架

197

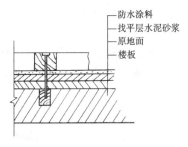

防水涂料
找平层水泥砂浆
原地面
楼板

图 11-26　木框架与地面的固定

电钻在弹出的十字交叉点的水泥地面或楼板上钻洞，洞深 40mm 左右，两孔间隔 0.8m 左右。然后向孔内打入木楔。固定木方时可用长钉将木框架固定在打入地面的木楔上，如图 11-26 所示。

木框架上面，每隔 1m 左右，开深不大于 10mm、宽为 20mm 的通风小槽。如设计有保温隔声层时，应清除刨花杂物，填入经干燥处理的松散保温隔声材料。

④ 钉毛地板。在木框架顶面弹与木框架成 36°～45°的铺钉线，如图 11-27 所示。人字纹面层，宜与木框架垂直铺设。

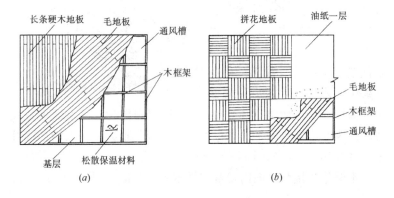

长条硬木地板　毛地板　通风槽
木框架
基层　松散保温材料
(a)

拼花地板　油纸一层
毛地板
木框架
通风槽
(b)

图 11-27　毛地板铺钉
(a) 长条地面；(b) 拼花地面

毛地板宽 120～150mm、厚度 25mm 左右。一般采用高低缝拼合。缝宽 2～3mm 的缝隙，用 2.5 寸的钉子钉牢在木框架上。板的端头各钉两颗钉子，与木框架相交位置钉一颗钉子。钉帽应冲进地板面 2mm。钉完，弹方格网点抄平，边刨边用直尺检测，使表面同一水平度与平整度达到控制标准后方能钉硬木地板。

⑤ 铺钉硬木地板

A. 铺钉长条地板。毛地板清扫干净后，弹直条铺钉线。由中向边铺钉（小房间可从门口开始）。先跟线铺钉一条作标准，检查合格后，顺次向前展开。

铺钉方法：为使缝隙严密顺直，在铺钉的板条近处钉铁扒钉，用楔块将板条靠紧，使之顺直，如图 11-28 所示。然后，用2 寸钉子从凸榫边倾斜钉入毛地板上，钉帽打扁，冲进木地板至不露面，如图 11-29 所示。接头间隔断开，靠墙端留 20mm 空隙。

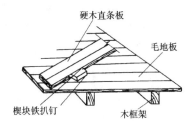

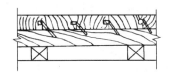

图 11-28　钉扒钉铺长条板　　　图 11-29　木地板钉接方式

铺完，在板面弹方格网测水平，顺木纹方向机械或手工刨平、刨光，便于安装踢脚板。在刨板中应注意清除板面刨痕、戗槎和毛刺。使用打磨机，应顺木纹方向打磨。

踢脚板安装：先在墙面上弹出踢脚板上口水平线，在地板上弹出踢脚板厚度的铺钉边线，用 2 寸钉子将踢脚板上下钉牢在嵌入墙内的木砖上。接头锯成 45°斜口，接头上下各钻两个小孔，钉入圆钉，钉帽打扁，冲入 2～3mm，平头踢脚板安装如图 11-30 所示。

整个地面铺钉结束，应按验评标准检验合格后方能转入下道工序。

如设计采用单层地板，其地板接

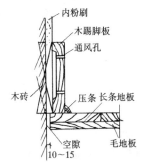

图 11-30　平头踢脚板安装

头必须设置在木框架上。

B. 铺钉拼花地板。拼花地板常用方格式、席纹式、人字纹式、阶梯式等，如图 11-31 所示。

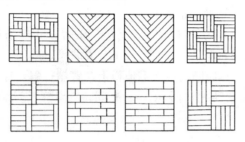

图 11-31　木地板拼花形式

毛地板清扫干净后，根据拼花形式，在地板房间中央弹出 90°十字线或 45°斜交线，按拼花板大小算出块数预排，预排合格后确定圈边宽度（一般 300mm 左右），然后弹出分档施工控制线和圈边线，如图 11-32（a）所示，并在拼花地板线上延长向拉通线钉出木标准条。在毛地板上铺一层防潮纸（图 11-27），先铺钉出几个方块或几档作为标准，如图 11-32（b）所示。

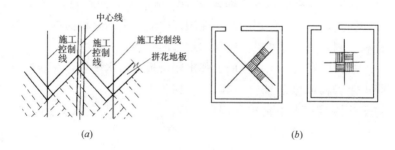

（a）　　　　　　　　　　　　　　（b）

图 11-32　分档施工控制线与铺定标准块

铺钉时，每条地板用 2 寸钉子两颗穿过预先钻好的斜孔钉入毛地板内，每钉一个方块须规方一次，标准板铺好后，按弹好的档距施工控制线，边铺油纸顺次向四周铺钉，最后圈边。圈边的方法，其一，用长条木地板沿墙铺钉，其二，先用长条地板圈边，再用短条地板横钉。圈边地板仍做成榫接，末尾不能榫接的地板则应加胶钉牢。当对称的两边圈边宽窄不一致时，可将圈边加宽或作横边处理，如图 11-33 所示。纵横方向圈边宽窄相差小于一块、大于半块时，用图 11-34 的方法处理，圈边刨光后钉踢脚板。

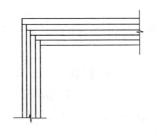

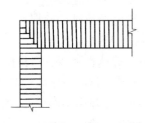

图 11-33　圈边不对称处理法　　　图 11-34　纵横圈边不一处理法

企口踢脚板的钉法：企口踢脚板下圆角板条（图 11-35）应与面板同时铺钉。圆角板条拉线校直后，用 2 寸钉子钉在上下企口处按 35°角分别钉入木砖和毛地板内，钉子间距一般为 400mm；上下钉位要错开。接头按 45°角斜接，接头处上下都应钉钉子。顶头要砸扁，冲进 2～3mm。钉踢脚板前，用小

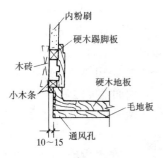

图 11-35　企口踢脚板钉法

木条靠墙垫平，踢脚板的凸榫插入圆角板的企口槽内，在踢脚板上拉直线，用 2 寸钉子与木砖钉牢，接头按 45°角斜接，上下各钉一颗钉子。

地板刨光：拼花木地板宜采用刨地板机（转速应达 5000r/min 以上）与木纹成 45°角斜刨。

刨时不宜走得太快，可多刨几遍。停机不刨时，应先将地板机提起再关电闸，以避免慢速咬坏地板面。边角处用手刨，刨平后用细刨净面，检测平整度。最后，用磨地板机装上纱布或砂纸

机与木纹成 45°角斜磨打光。

（2）薄木地面

1）操作工艺顺序

基层处理→弹线→分档→粘贴大面→粘贴镶边→撕牛皮纸→粗刨、细刨→打磨

2）操作工艺要点

① 基层清理：基层表面的砂浆，浮灰必须铲除干净，清扫尘埃，用拖把擦拭清洁、干燥。

② 分档、弹线。严格挑选尺寸一致、厚薄相等、直角度好、颜色相同的材质集中装箱备用。然后，按设计图案和块材尺寸进行弹线。先弹房间的中心线，从中心四周弹出块材分格线及圈边线。分格必须保证方正，不得偏斜。

③ 粘贴。粘贴从中心开始，跟线先贴一个方块，检测无误后，沿方格线依次铺贴，板缝必须顺直。

铺贴时，将胶粘剂用齿形钢刮刀涂刮在基层上，涂层厚薄要均匀，将地板跟线接上去，调整方正后，用平底榔头垫木板锤敲 5～6 次，相邻两块地板接缝高低差不宜超过 1mm。

大面铺完之后，再铺贴镶边。镶边若非整块需裁割时，应量尺寸做模具套裁，边棱砂轮磨光，并做到尺寸标准，保证板缝适度。

④ 撕牛皮纸。正方块的薄木地板是将五小块硬木板齐整地粘贴在牛皮纸上的，铺贴后牛皮纸在上面。全部铺贴完毕，用湿拖把在木地板上全面拖湿一次，其湿度以牛皮纸表面不积水为宜。浸润约 1h 后，随即把牛皮纸撕掉。

⑤ 刨平、打磨。刨平工序宜用转速较快的电动刨板机进行。速度较快，刨刀不易撕裂木纤维，破坏地面。刨平时应辅以手刨，先粗刨，后细刨，边刨边用直尺检测平整度。

打磨应使用电动打磨机，先装粗砂布打磨，后用细砂布磨光。也可用木块包砂布手工磨光。

磨光后，打扫干净。

2. 塑料地面板

（1）塑料地面板的构造，如图 11-36 所示。

（2）塑料地面板铺贴的操作工艺顺序

准备工作→弹线→下料→涂刷胶粘剂→铺贴塑料板→焊接塑料板→塑料踢脚板施工

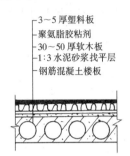

3～5 厚塑料板
聚氨脂胶粘剂
30～50 厚软木板
1∶3 水泥砂浆找平层
钢筋混凝土楼板

图 11-36　聚氯乙烯地面构造

（3）操作工艺要点

1）准备工作

① 地面处理：水泥砂浆找平层必须磨光压实，表面不得有浮尘，用 2m 直尺检查时凹凸不超过 2mm，粘贴时含水率不得大于 6%。

② 机具准备：焊接设备：包括焊枪、调压变压器和空气压缩机等，如图 11-37 所示。

1
2
3
4
5
6
7
8
9
10
11

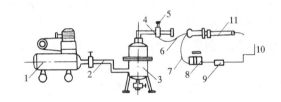

图 11-37　焊接设备配置

1—空气压缩机；2—压缩空气管；3—过滤器；4—过滤后压缩空气管；5—气流控制阀；6—软管；7—调压后电源线；8—调压变压器；9—漏电自动切断器；10—接 220V 电源；11—焊枪

手工工具：塑料刮板、棕刷、“V”形缝砌口刀、切条刀、焊条压辊等，如图 11-38～图 11-40 所示。

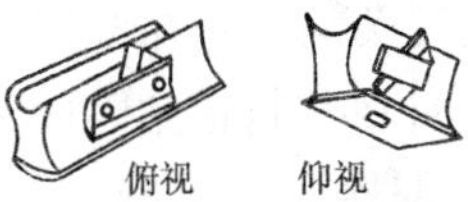

俯视
仰视

图 11-38　“V”形缝切口刀

③ 材料准备：粘贴前应将塑料板预热展平，以减少板的胀缩变形和消

除内应力。预热方法是将塑料板放入约 75℃ 的热水中浸泡 10～20min，至板面全部松软延伸后，用棉纱擦净蜡脂，晾干待用。不得采用炉火或热电炉预热。

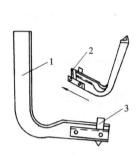

图 11-39　切条刀

1—手柄 20×3；2—刀头；

3—弹簧钢刀片

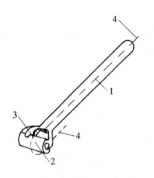

图 11-40　焊条压辊

1—手柄（不锈钢管 14×160）；2—18×40 铜棍；

3—压舌；4—焊条

④ 胶粘剂：常用的胶粘剂有：氯丁酚醛胶粘剂、氯丁橡胶胶粘剂、聚氨酯胶粘剂等。

2）弹线：粘结前应先将地面上根据设计分格尺寸进行弹线，分格尺寸一般不宜超过 900mm，在室内四周或柱根处弹线时，要不小于 120mm 的宽度，在粘贴塑料踢脚板时进行镶边。

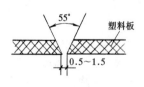

图 11-41　塑料板
拼缝坡口图

3）下料：下料要根据房间地面实际尺寸进行，下料时将塑料板平铺在地面上用力裁割，然后进行预拼。塑料板的边缘应裁割成平滑坡口，两板拼合的坡口角度约为 55°，如图 11-41 所示。

4）涂刷胶粘剂：先在基层上用塑料刮板刮底子胶一遍，不宜用毛刷。次日在塑料板粘贴面和基层上各刷原胶一遍，刷胶应薄而匀，不得漏刷。刮涂胶粘剂时，要使胶液涂满基层，超过分格线 10mm，而离塑料板边缘 5～

10mm 地方不得涂胶，以保证粘贴质量和板面整洁。胶粘剂要随拌随用，并搅拌均匀，待涂抹的胶粘剂干燥后（即不粘手），再进行粘贴。

5）铺贴塑料板：铺贴塑料板时，施工地点环境温度应保持在 10～35℃，相对湿度不大于 70%。粘贴前一昼夜，宜将塑料板放在施工地点，使其保持与施工地点相同温度。施工时，操作人员鞋底要保持干净，铺贴的方向和顺序一般是由里向外、由中心向两侧或以室内一角开始，先贴地面，后贴踢脚板。铺贴的塑料板应一次准确就位，忌用力拉伸或揪扯塑料板。铺贴后一般不需要加压，十天内施工地点须保持 10～30℃，空气相对湿度不超过 70%，粘贴后 24h 内不得上人。粘好后的地面应平整、无皱纹及隆起现象，缝子横竖要顺直，接缝严密，脱胶处不得大于 0.002m²，其间隔间距不得小于 500mm。

6）焊接塑料板：塑料板粘贴后两天进行拼缝拼接。焊接时先把焊枪与无油质、水分的压缩空气接通，然后接通焊枪电源。

焊接时，焊枪的喷嘴与焊条、焊缝的距离相适应，要注意焊条不要偏位和打滚，焊条要与塑料板呈垂直状，并对焊条稍加压力，随即用压辊滚压焊缝。脱焊的部位可以补焊，焊缝凸起的地方可用铲刀局部修平。焊接速度一般控制在 300～500mm/min。

焊接结束时，先断电路，再停供压缩空气。

焊缝应平整、光滑、洁净、无焦化变色、斑点、焊瘤和起鳞等现象。凹凸不能超过 0.5mm。

焊缝要密实、无缝隙。弯曲焊缝 180°时不得出现开焊或裂缝。焊缝冷却后，往上揪焊条揪不起来，则证明焊缝牢固。

7）塑料踢脚板施工：一般是用钉子将塑料板条钉在预留木砖上，钉距约 400～500mm，然后用焊枪喷烤塑料条，随即将踢脚板与塑料条粘贴。

转角处踢脚板作法：阴角时，先将塑料板用两块对称组成的木楔预压在该处，然后取掉一块木模，在塑料板转折重叠处，按实际情况画出剪裁线，经试装合适后，再把水平面 45°相交的裁口焊好，做成阴角部件，然后进行焊接或粘贴，如图 11-42（a）所示。阳角时，需在水平面转角裁口处补焊一块软板，做成阳角部件，再进行焊接和粘贴，如图 11-42（b）所示。

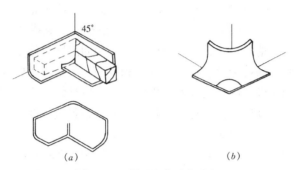

图 11-42　阴、阳角处踢脚板

3. 质量标准

地板施工质量应符合现行国家标准《建筑装饰装修工程施工质量验收规范》GB 50210 的相关规定。

4. 安全注意事项

（1）小型电动机具，必须安装"漏电掉闸"装置，使用时应试运转合格后方可操作。

（2）操作地点和配制溶剂的房间内严禁吸烟，不得在施工现场的易燃物品附近吸烟。堆放木材和易燃品场所附近要有消防措施。

（3）凡易燃性的胶粘剂和溶剂，使用后将容器盖子盖紧或密封，存放阴凉处，并须远离火源贮存。

（4）塑料板地面施工时，必须空气流通，必要时设置通风设备；操作人员要戴过滤口罩；使用焊枪时，必须离开易燃物 2m 以上。

（三）隔　　墙

隔墙又名隔断，它仅起分隔房间和装饰作用，不承重。隔墙按材料不同可分为板材隔墙、骨架隔墙、活动隔墙和玻璃隔墙等。骨架隔墙又分为木骨架隔墙、轻钢龙骨隔墙和铝合金隔墙。木隔墙结构主要由上槛、下槛、立筋、横撑、根条或板材组成，如图 11-43 所示。

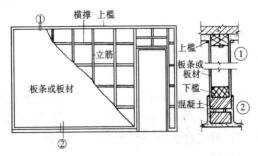

图 11-43 板条或板材隔断

轻钢龙骨隔墙结构主要由沿顶龙骨、沿地龙骨、竖龙骨和面板组成，如图 11-44 所示。

铝合金隔墙结构主要是由上、下横龙骨、竖龙骨、中间横龙骨、铝合金装饰板和玻璃等组成，如图 11-45 所示。

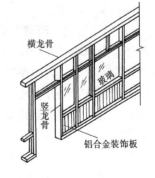

图 11-44 龙骨隔断基本结构   图 11-45 铝合金隔断结构

本书主要介绍轻钢龙骨石膏板隔墙地施工。

1. 隔断龙骨及其配件

隔断轻钢龙骨按断面形状可分为 U 形和 C 形，按龙骨所在部位可分为沿顶龙骨、沿地龙骨、竖向龙骨、横撑龙骨和加强龙骨。沿顶、沿地龙骨与沿墙、沿柱竖向龙骨构成隔断的边框。龙骨的受力构件是由若干根竖向龙骨构成；横向龙骨或通贯横撑龙骨与竖向龙骨垂直安设，构成骨架以便增加龙骨的刚度；加强龙骨常用于门框等处的加强。

2. 施工操作顺序

基层处理→弹线→龙骨的固定→安装板材

3. 施工操作要点

（1）基层处理：安装隔断墙之前，先将工作面处的楼地面、楼板梁底面等清理干净，如有凸出底砂浆混凝土等，均应剔凿平整。

（2）弹线：弹线包括两个方面，一个是墙体的位置，另一个是轻钢龙骨的量载。

1）墙体位置线：根据施工图来确定隔断墙的位置、隔墙门窗位置，包括在地面上的位置、墙面位置和高度位置，以及隔墙的宽度。并在地上和墙面上弹出隔断的宽度线和中心线。

2）按所需龙骨的长度尺寸，对龙骨进行画线配料。配料的原则是先配长料，后配短料。

（3）龙骨的固定

1）固定沿地、沿顶龙骨：用射钉枪（或冲击钻）分别将沿地龙骨、沿顶龙骨及沿墙龙骨按边线准确地固定在楼板、地面，屋顶和墙上等处，射钉距离一般在 800mm 以内，并且固定是要与竖向龙骨位置错开。如有隔声要求，沿地及沿顶龙骨与顶面或地面的接触面应用密封膏或泡沫密封条进行处理。

两端靠墙立柱用射钉枪固定在立墙上，射钉间距不大于 1m；也可用冲击钻打眼，然后用膨胀螺栓固定，如图 11-46 所示。

2）轻钢龙骨的连接：轻钢龙骨隔墙的骨架分格，可按施工图进行。如果施工图中没有标明骨架的分格尺寸，则需根据石膏板或其他板材的尺寸，进行骨架分格设置。

轻钢龙骨隔墙的骨架分格是按竖向龙骨的间隔来分格。在门框、窗框处；用沿地龙骨作为横撑支杆来组成框格（图 11-47 所示），或隔断墙高大于 3.5m 时，可在竖向龙骨之间加专用横向加强龙骨条。

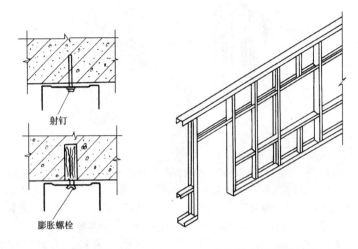

图 11-46　龙骨常用的固定方法　图 11-47　轻钢龙骨隔断墙的骨架分格

按沿地及沿顶龙骨之间的净距切割竖龙骨，并依次装入，立柱间距为 400～600mm，校正其垂直度后，将竖向龙骨与沿地沿顶龙骨固定起来。固定的方法有三种，如图 11-48 所示。

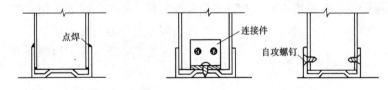

图 11-48　轻钢沿地沿墙龙骨连接方式

竖向龙骨需要接长时，可用 U 形龙骨套在竖向龙骨接缝处，然后用铆钉或自攻螺钉固定，如图 11-49 所示。

木门框与竖向龙骨的连接有多种做法，具体做法如图 11-50 所示。

（4）安装板材

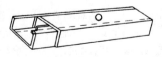

图 11-49　竖向龙骨接长示意图

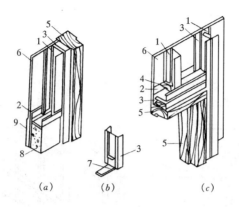

图 11-50　木门框与龙骨的连接

（a）木门框处下部构造；（b）用固定件加强龙骨连接；（c）木门框处上部构造

1—竖龙骨；2—沿地龙骨；3—加强龙骨；4—支撑卡；5—木门框；6—石膏板；7—固定件；8—混凝土踢脚座；9—踢脚板

轻钢龙骨隔墙的饰面基层板通常使用石膏板。石膏板安装如下：

1）在立柱的一侧，先将石膏板按位置立好，然后一人扶稳，另一人用 3.5×25 自攻螺钉将石膏板固定于立柱上，螺钉间距：板缝处为 200mm，非板缝为 300mm。安装完一侧石膏板后，按设计要求在隔墙空腔内敷设工程管线及填充材料。接着，用同样方法固定另一侧石膏板。

为提高隔声效果，两侧石膏板应错缝安装。

2）如需安装两层石膏板时，两层接缝应互相错开，并用 3.5×35 的自攻螺钉将第二层石膏板固定在立柱上，如图 11-51 所示。

3）石膏板宜竖向铺设，长边接缝应落在竖向龙骨上，这样可提高隔断墙的整体强度和刚度；若横向铺设，不要加竖向龙

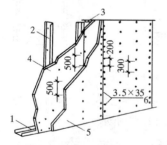

图 11-51　石膏板隔墙施工示意图

1—沿地龙骨；2—竖龙骨；3—沿顶龙骨；4—第一层石膏板；5—第二层石膏板；6—自攻螺钉

骨的横撑，并尽量使石膏板的短边落在骨架上，否则必须加背衬石膏板。

4）当龙骨两侧均为单层石膏板时，两侧的板材接缝不能留在同一根竖向龙骨上；当铺两层石膏板时，龙骨同侧内外两层石膏板的缝，不能落在同一根竖向龙骨上。这样就避免了接缝过于集中，并弥补隔断强度、整体性及隔声性能等的缺陷。

5）隔断所用纸面石膏板，应尽量使用整板。必须切割时，应先用刀片切割正面纸并使切线位置处于平整工作台的边缘，然后沿切割线向背纸面方向掰断，最后切割背纸面，如图 11-52 所示。

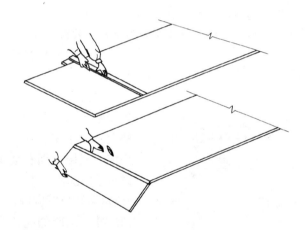

图 11-52　石膏板的切割

石膏板对接时应靠紧，但不得强压就位，以免产生内应力。

4. 质量标准

隔墙施工质量应符合现行国家标准《建筑装饰装修工程施工质量验收规范》GB 50210 的相关规定。

5. 安全注意事项

（1）安装龙骨前，先检查脚手架（或高凳）是否符合安全要求，经检查合格方可上架子操作。

（2）使用电动工具时，应按机具的操作规范进行操作，不得违章作业。

（3）搬运和安装石膏板时，必须注意安全，防止砸伤人员。

（4）使用射钉枪安装龙骨时，一定要设专人保管，未经培训人员不得操作。

（四）护墙板、门窗贴脸及筒子板的施工

1. 护墙板的施工

护墙板（木墙裙）是一种常用的室内装修，用于人们容易接触的部位。

（1）护墙板操作工艺顺序

弹线→检查预埋件→制作安装木龙骨→装钉面板

（2）护墙板操作工艺要点

1）弹线、检查预埋件：根据施工图上的尺寸，先在墙上画出水平标高。弹出分档线。根据线档在墙上加木橛或预先砌入木砖。木砖（或木橛）位置应符合龙骨分档尺寸。木砖的间距横竖一般不大于 400mm，如木砖位

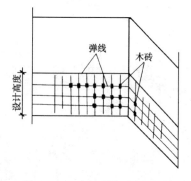

图 11-53　墙面弹线、加木砖

置不适用可补设，如图 11-53 所示。

2）制作安装木龙骨：全高护墙板根据房间四角和上下龙骨先找平、找直、按面板分块大小由上到下做好木标筋，然后在空档内根据设计要求钉横竖龙骨。

局部护墙板根据高度和房间大小，做成龙骨架，整片或分片安装。在龙骨与墙之间铺油毡一层防潮。

龙骨间距。一般横龙骨间距为 400mm，竖龙骨间距为 500mm。如面板厚度在 10mm 以上时，横龙骨间距可放大

到 450mm。

龙骨必须与每一块木砖钉牢。如果没埋木砖，也可用钢钉直接把木龙骨钉入水泥砂浆面层上固定。

当木龙骨钉完，要检查表面平整与立面垂直，阴阳角用方尺套方。调整龙骨表面偏差所垫的木垫块，必须与龙骨钉牢。龙骨安装如图 11-54 所示。如需隔声（如 KTV），则龙骨中间需填隔声轻质材料。

图 11-54　木龙骨的安装

3）装钉面板：面板上如果涂刷清漆显露木纹时，应挑选相同树种及颜色，木纹相近似的用在同一房间里，木纹根部向下，对称，颜色一致，无污染，嵌合严密，分格拉缝均匀一致，顺直光洁。如果面板上涂刷色漆时可不限。木板的年轮凸面应向内放置。

护墙板面层一般竖向分格拉缝以防翘鼓。

面板的固定有两种方法：一种是粘钉结合。做法是：在木龙骨上刷胶粘剂，将面板粘在木龙骨上，然后钉小钉（目的是为了使面板和木龙骨粘贴牢固），待胶粘剂干后，将小钉拔出。目前均用射钉枪钉小钉。

护墙板面层的竖向拉缝形式有直拉缝和斜面拉缝两种，如图 11-55 所示。

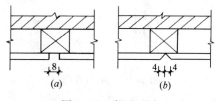

图 11-55　拉缝形式

(a) 直拉缝；(b) 斜面拉缝

213

为了美观起见，竖向拉缝处也可镶钉压条。如图 11-56 所示。目前压条均用机器预制成品。

如果做全高护墙板，护墙板纵向需有接头，接头最后在窗口上部或窗台以下，有利于美观。接头形式如图 11-57 所示。

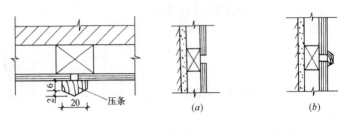

图 11-56　护墙板压条

图 11-57　纵向接头

（a）无盖条；（b）有盖条

厚面板作面层时，板的背面应做卸力槽，以免板面弯曲、卸力槽间距不大于 150mm，槽宽 10mm，深 5～8mm，如图 11-58 所示。

护墙板阳角的处理方法如图 11-59 所示。

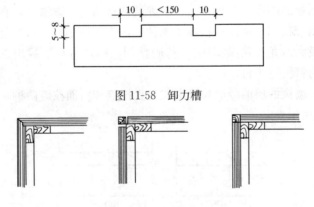

图 11-58　卸力槽

图 11-59　阳角处理

护墙板阴角的处理方法如图 11-60 所示。

护墙板顶部要拉线找平，钉木压条。木压条规格尺寸要一致，挑选木纹、颜色近似的钉在一起。压条又称压顶，样式很多，如图 11-61 所示。压线条的处理方法如图 11-62 所示。

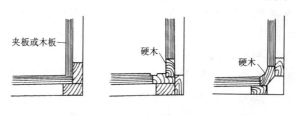

图 11-60　阴角处理

图 11-61　压线条

护墙板与踢脚板交接处的做法有多种，图 11-63 所示为其中的几种做法。

2. 门窗贴脸及筒子板施工

木筒子板和门窗贴脸用于室内装修，它对门窗洞口和墙体起保护和装饰作用。

（1）操作工艺顺序

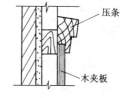

图 11-62　压条的处理

木筒子板：检查门窗洞口及埋件、制作安装木龙骨、刷防火涂料、装钉面板、门窗贴脸板、制作、安装。

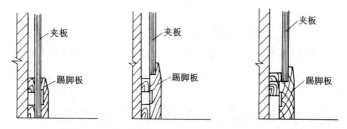

图 11-63　护墙板与踢脚板交接处的几种做法

（2）操作方法

1）门窗木筒子板施工：

① 检查门窗洞口尺寸是否符合要求，是否方正垂直，洞口过梁连接铁件及洞口预埋木砖是否安全，位置是否准确，如发现问题，必须修理或校正。

② 制作和安装木龙骨、刷防火涂料。根据门窗洞口实际尺寸，用木方制成龙骨架，龙骨架的截面尺寸一般为 20mm×40mm。骨架分为三片，洞口上部一片，两侧各一片。每片一般为两根立杆，当筒子板宽度大于 500mm 需要拼缝时，中间适当增加立杆，如图 11-64 所示。

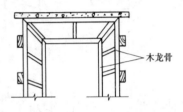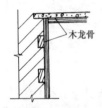

图 11-64　木龙骨

横撑间距根据筒子板厚度决定：当面板厚度为 10mm 时，横撑间距不大于 400mm；板厚为 5mm 时，横撑间距不大于 300mm。横撑位置必须与埋件位置对应。安装木龙骨一般先上端后两侧，洞口上部骨架与预埋螺栓拧紧。

龙骨架表面刨光，其他三面刷防腐剂。为了防潮，龙骨架与墙之间应干铺油毡一层。木龙骨必须平整牢固，为安装面板打好基础。

龙骨架涂刷防火涂料三道。

③ 装钉面板：面板应挑选木纹和颜色，近似的用在同一房间，裁板时要略大于龙骨的实际尺寸，大面净光，小面刮直，木纹根部向下。

若板的宽度小于设计要求的宽度，可以将 2 块或者 2 块以上的板进行拼缝对接。拼缝时木纹应通顺，拼缝牢固，拼缝严密。

若长度方向需要对接时，木纹应通顺，其接头位置应避开视线开视范围。窗筒子板拼缝应在室内地坪 2m 以上；门筒子板拼缝一般离地坪 1.2m 以下。同时，接头位置必须留在横撑上。

若采用厚木板时，板的背面应做卸力槽，以免板面弯曲，卸力槽一般间距为 100mm，槽深 10mm，深度 5～8mm。如图 11-65 所示。

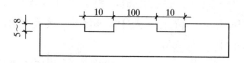

图 11-65 筒子板卸力槽

固定面板所用钉子的长度为面板厚度的 3 倍，间距一般为 100mm，钉帽要砸扁，并用较尖的冲子将钉帽顺木纹方向冲入面层 1～2mm。

固定面板时，也可在木龙骨架上刷胶粘剂，然后按上述方法将面板固定。

筒子板里侧要装进门窗预先做好的凹槽里。外侧要与墙面齐平，割角严密方正，如图 11-66 所示。

2）门窗贴脸板：门窗贴脸板的式样很多，尺寸各异，应按照设计图纸施工。几种样式如图 11-67 所示。

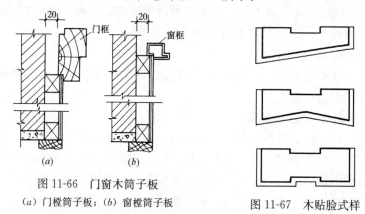

图 11-66 门窗木筒子板

（a）门樘筒子板；（b）窗樘筒子板

图 11-67 木贴脸式样

① 贴脸板的制作：首先检查配料的规格、质量和数量，符合要求后，先用粗刨刮一遍，再用细刨刨光，线条要深浅一致，清晰、美观。

② 贴脸板的装钉：在门窗框安装完及墙面抹灰做好后即可装钉。一般先钉横的，后钉竖的。装钉时，先量出横向贴脸板所需长度，两端锯成 45°斜角即割角，紧贴在框的上坎上，其两端伸出的长度应一致。将钉帽砸扁，顺木纹冲入表面 1～3mm，钉长宜为板厚的两倍，钉距不大于 500mm。接着量出竖向板的长度，钉在边框上。

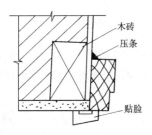

木砖

压条

贴脸

图 11-68 贴脸板安装示意

贴脸板下部要有贴脸墩，贴脸墩要稍厚于踢脚板。不设贴脸墩时，贴脸板的厚度不能小于踢脚板的厚度，以免踢脚板冒出，影响美观。

贴脸板内边沿至门窗框裁口的距离应一致。

贴脸板搭盖墙的宽度一般为 20mm，但不少于 10mm；横竖贴脸板的线条要对正，割角应准确平整，对缝严密，安装牢固。

贴脸板的安装方法如图 11-68 所示。

3. 质量标准

施工质量应符合现行国家标准《建筑装饰装修工程施工质量验收规范》GB 50210 的相关规定。

4. 成品保护

施工完毕后，严禁污染护墙板、筒子板及贴脸板、防止磕碰、划伤和撞击。

5. 安全注意事项

（1）施工时严禁有明火、焊渣，以免发生火灾。

（2）需要脚手架、高凳等作业时，要注意安全，采取必要的防护措施。上面施工时，下方不能操作，以免工具落下伤人。

（3）要经常检查工具，易掉头断把的工具需修理后再用。

（4）操作地点的刨花、碎木料及时清理，要存放在安全地点。

（五）铝合金门窗的安装

1. 铝合金门窗的安装工艺顺序
拼装→立框→装扇→嵌缝→成品保护

2. 操作工艺要点
（1）拼装：铝合金门窗一般由工厂预制，施工现场按图拼装而成。门窗框拼装要确保方正、平直，拼装过程中要小心仔细，切忌用锤直接敲击或砸伤铝合金杆件。

门窗框拼缝成型后，除靠墙一侧外，其余三面需用塑料胶纸包裹保护，防止受污染。

（2）按照在洞口上弹出的门、位置线，根据设计要求，将门、窗框立于墙的中心部位或内侧。安装多层或高层的外墙窗时，上、下窗要在同一条垂直线上，且各窗框离外墙面的距离也应一致；左、右窗要在同一条水平线上。

将门、窗框放在预定的位置后，临时用木楔固定，待检查立面垂直、左右间隙大小、上下位置一致等均符合要求后，再将镀锌锚固板固定在门、窗洞口内。锚固板的间距不大于 500mm。

铝合金门、窗框上的锚固板与墙体的固定方法，有射钉固定法、膨胀螺栓固定法以及燕尾铁脚固定法等，如图 11-69 所示。

切记：建筑外门窗的安装必须牢固。在砌体上安装门窗严禁用射钉固定锚固板是铝合金门窗与砌体的连接件，锚固板的一端固定在门、窗框的外侧，另一端固定在密实的洞口墙体内。锚固板的形状如图 11-70 所示。

（3）装扇

1）铝合金门、窗扇安装，应在室外装修基本完成后进行。

2）推拉门、窗扇的安装：将配好的门、窗扇分内扇和外扇，先将内扇插入上滑道的里槽内，自然下落于对应的下滑道的里滑

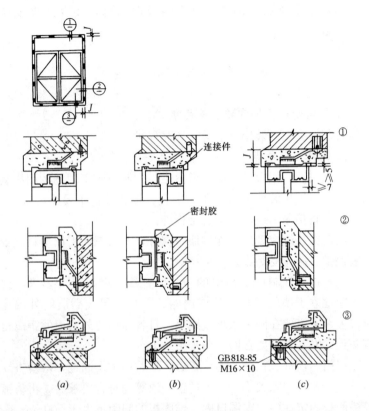

图 11-69　锚固板与墙体固定方法

(a) 射钉固定法；(b) 膨胀螺栓固定法；(c) 燕尾铁脚固定法

图 11-70　锚固板示意

道内，然后再用同样的方法安装外扇。

3) 平开门、窗扇的安装：应先把铰链按要求位置固定在铝合金门、窗框上，然后将门、窗嵌入框内临时固定，调整合适后，再将门、窗扇固定在铰链上，必须保证上、下两个转动部分在同一轴线上。

4) 地弹簧门扇安装：应先将地弹簧主机埋设在地面上，并浇筑混凝土使其固定。主机轴应与中横档上的顶轴在同一垂线上，主机表面与地面齐平。待混凝土达到设计强度后，调节上门顶轴将门扇装上，最后调整门扇间隙及门扇开启速度，如图11-71所示。

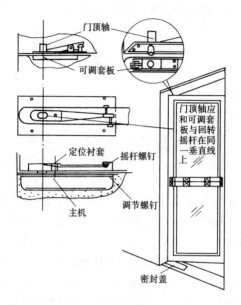

图 11-71　地弹簧门扇安装

（4）嵌缝：门窗框与墙体间的缝隙，当设计未规定填充材料时，应采用矿棉或玻璃棉毡条分层填塞密实，外表面留 5～8mm 深的槽口，然后用打油筒沿缝隙注油膏。油膏填嵌时，不应污染门窗框，油膏表面应平整光滑，不出现裂缝。

（5）成品保护：门窗安装完毕后，应立即用塑料胶纸粘贴表面，防止污染受损。

3. 质量标准

施工质量应符合现行国家标准《建筑装饰装修工程施工质量验收规范》GB 50210 的相关规定。

4. 安全操作注意事项

（1）射钉枪要专人保管使用。使用人员必须经过培训。

（2）在脚手架上安装窗框、嵌缝、打油膏时，站位要稳固，注意脚下空头板，以免发生高空坠落。

（3）使用电动机具应注意用电安全。

（4）严禁将脚手架搁在门窗框上操作。

（六）木 楼 梯

1．木楼梯

（1）木楼梯的构造

木楼梯由踏步板、踢脚板、三角木、休息平台、斜梁、栏杆（栏板）及扶手等组成。具体构造形式有明步木楼梯和暗步木楼梯两种。

明步木楼梯斜梁上下端做吞肩榫与平台梁（楼搁栅）、地搁栅相联，并用铁件加固。踏步三角木钉在斜梁上，踏步板、踢脚板分别钉在三角木止。为于遮盖三角木与斜梁的接缝，斜梁外侧面钉有护板。踏步靠墙处须做踢脚板，以保护墙面和遮盖踏步板与墙面的竖缝。楼梯栏杆分别与扶手、踢脚板榫接。暗步木楼梯的踏步板和踢脚板分别嵌在斜梁的凹槽内。栏杆上端凸榫插入扶手内，下端凸榫插入斜梁上的压条内，如果不做压条，则凸榫直接插入斜梁内。楼梯背面一般做板条粉刷或钉纤维板封闭。

（2）操作工艺顺序

放样或按图计算、出样板→配制各部件→安装搁栅与斜梁→钉三角木（明步木楼梯）→铺钉踏步板和踢脚板→安装栏杆、扶手→安装靠墙踢脚板和护板→钉挑口线

（3）操作工艺要点

1）放样或按图计算、出样板：制作木楼梯，首先应根据施工图纸，把楼梯的踏步高度、宽度、级数及休息平台尺寸放出足尺大样图，或按图计算各部分尺寸，同时制出三角样板和楼梯斜梁样板。放样及计算步骤，参见楼梯模板部分的有关内容。

踏步三角按设计图一般都是直角三角形。

2）配制各部件：配料时，应注意各部件的长度必须包括两端榫头尺寸在内。踏步板须用整块木板，厚度为 30～40mm。若用拼板时，应采取有效措施防止错缝开裂。明步木楼梯的踏步板长度要考虑挑出护板的尺寸。踢脚板与踏步板需用开槽方法连接，踢脚板厚度为 20～25mm。明步木楼梯踢脚板长度要考虑与护板做 45°割角的尺寸。三角木厚度为 50mm 左右。制作三角木时，应使三角木的最长边平行于木纹方向。斜梁配制时，应将木节、斜纹向上放置。斜梁与平台梁的榫肩，应上口不留线，下口留半墨线。护板成踏步形，但不宜事先锯割，应在踏步板、踢脚板安装后，将护板料套上去按实际尺寸画线，然后再锯割成踏步形状为好。为避免踢脚板与护板的端头木纹外露，两者的交接处应锯成 45°的割角相连，且护板的厚度应与踢脚板厚度相等。靠墙踢脚板也成踏步形，可事先预制，但两端应适当放有余量，以便安装时上下移动做修整，保证接缝严密。楼梯柱与踏步板及扶手的结合处要作榫头，栏杆与扶手的结合处可做半榫。榫眼必须符合要求，保证榫接紧密牢固。

3）安装搁栅与斜梁：安装前，先按施工图纸定出地搁栅、休息平台搁栅和楼搁栅的中心线和标高位置。施工时先安搁栅后装斜梁。斜梁入榫后，应再加铁件加固。底层斜梁的下端可做成凹槽压在垫木（枕木）上。

4）钉三角木：明步木楼梯需钉三角木。三角木位置应先在斜梁上画出，然后按线钉牢。每块三角木至少用两只钉子固定，钉子钉入斜梁深度不少于 60mm 收紧钉子时要注意不使三角木开裂。两根斜梁上的三角木应高低进出一致，护板处的三角木必须与斜梁外侧面平。每钉一级三角木应随铺临时踏步板，以方便施工操作。

5）铺钉踏步板和踢脚板：踏步板与踢脚板连接的槽口要密封。如不采取冲头三角木，则踏步板与踢脚板应互相垂直。相邻踏步板以及相邻踢脚板均应互相平行。踏步板、踢脚板均采用暗钉，钉帽敲扁顺纹冲入木内。

6）安装栏轩、扶手：先分别将栏杆榫接在踏步板或斜梁的压条上，然后将已榫接好的扶手和楼梯柱一起安装上去，使这四部分榫接成整体。安装立杆前，必须认真检查其杆长、榫长和榫肩的斜度。立杆长度不一致或立杆榫长大于眼深，都会引起扶手安装后顶面不平直。榫肩斜度一致性差，将会引起肩缝不严密，影响感观质量。

7）安装靠墙踢脚板和护板：明步木楼梯的踏步板、踢脚板均突出斜梁侧面，这将会造成护板塞线不准。因此，应先取几块木块用小钉临时钉在斜梁侧面，木块厚度等于上述突出量。然后将长度准确的护板料紧靠其上，用笔将踏步板、踢脚板的外形画在护板料上。再用细锯按线锯割即可（留半墨线）。护板与踢脚板的交接处应锯成45°割角。护板经试放、修整、检查，各处接缝符合要求后即可安装。靠墙踢脚板需经试放、修整、检查，接缝严密后，方可进行固定。钉子应钉在墙内预埋木砖上。若无木砖应打眼下木楔，木楔间距不大于750mm。护板，靠墙踢脚板若需拼接，应采取45°斜搭接。

8）钉挑口线：挑口线起盖缝和装饰作用。制作时，要线条清晰、顺直、光洁。安装时，截料长短要合适，割角要严密，钉帽砸扁顺纹冲入木内，表面不应有锤印。锯割挑口线割角以及护板与踢脚板的割角，宜用割角箱，以保证割角角度正确，接缝严密。

（4）质量标准

木楼梯斜梁等承重构件的制作质量标准见木屋架质量标准中的有关内容；安装质量标准见马尾屋架质量标准中的有关内容。

（5）常见质量通病和防治方法

1）榫头松动：木楼梯主要采取榫接相连，且半榫较多。当榫头尺寸小于榫眼尺寸就会发生松动，因此画凿眼时必须准确合理；榫头、榫眼、凿子三方面尺寸必须相等。拼装前，各杆件必须进行检验，及时修整，保证拼装顺利进行。若有榫头松动，可将榫头端面凿开，插入与榫头等宽，短于榫长的木楔。木楔厚度视木材干湿软硬及与眼的偏差大小而定。加胶后，再用斧敲击入榫。

2）斜梁翘曲：两根斜梁安装后，应保证其顶面互相平行不翘曲。斜梁发生翘曲，将会使后道工序无法保证质量。因此斜梁制作时，料、榫、眼都必须保证平直方正。斜梁轻度翘曲可刨削顶面校正；严重翘曲必须修整榫或眼。

3）踏步板水平度差：踏步板两端厚度不相等，三角木尺寸不一致，以及同一踏步的两块三角木安装位置有高低，都将会引起踏步板水平度偏差。发生踏步板水平度超过允许偏差，首先应查明原因，再对症修理。若是踏步板两端厚度不一致所引起，可将踏步板厚的一端刨去或将薄的一端垫高；若是三角木尺寸或位置所引起，首先应考虑是否能通过修整三角木来补救，如水平偏差过大，只得返工重新铺钉三角木。

（6）安全操作注意事项

1）使用锯、刨床加工木构件时的安全注意事项同木屋架制作中的安全操作注意事项。

2）在高凳上搭脚手板时，高凳要放平稳，高凳间距不大于2m。脚手板不宜少于两块，不得留空头板。

3）采用人字形梯子，其底脚要拉牢。脚手板不得搁在梯顶作业。梯子不得缺档。

4）铺钉三角木，若有开裂、松动，影响牢固度者，要及时补钉加固或调换三角木。严禁在三角木上行走。

5）休息平台搁栅，应随铺随钉临时拉结板条。操作人员不得直接站在搁栅上操作。

2. 楼梯木扶手

楼梯木扶手用料必须经过干燥处理。一般木扶手用料的树种有水曲柳、柳桉、柚木、樟木等。扶手的形状和尺寸有许多种，应按设计图纸要求制作。扶手底部开槽，安装在栏杆的顶面铁板上。铁板上每隔300mm钻一个孔。用长为30～35mm的平头木螺钉将扶手固定。扶手接头的连接用 $\phi 8 \times (130 \sim 150)$ mm 的双头螺钉(橄榄螺钉)。弯头与扶手连接处应设在第一步踏步的上半步或下半步之处。当楼梯栏板之间的距离在 200mm 以内时,弯头可以整只做;当大于 200mm 时,弯头可以断开做。

(1) 直扶手制作

木扶手在制作前,必须按设计要求出扶手的横断面样板。先将扶手底面刨平刨直,然后画出中线,在扶手两端对好样板划出断面,然后刨出底部凹槽,再用线脚刨依端头的断面线刨削成型,刨时须留半线。

(2) 木扶手弯头制作

木扶手弯头按其所处的位置的不同,有拐弯、平盘弯和尾弯等多种。下面以休息平台处的拐弯为例,说明制作过程。

1) 操作工艺顺序

斜纹出方→画底面线→做准底面→画侧面线和断面线→加工成型→钻孔凿眼→安装→修整

2) 操作工艺要点

① 斜纹出方:制作弯头的木料,必须从大方木料上斜纹出方而得。斜纹出方的角度,根据大方木料的宽度不同可有多种。45°斜纹出方是最常用的。若大方木料的宽度稍有不足,不能满足弯头尾伸出长度不小于踏步宽度一半的要求时,可采取小于45°的斜纹出方。若大方木料的高度稍有不足时,可采取双斜出方的办法,予以解决。

② 画底面线:根据楼梯三角样板和弯头的具体尺寸,在弯头料的两个直角面上画出弯头的底面线。

③ 做准底面:按线锯割、刨平底面,并在底面上开好安装扶手钢板的凹槽,要求槽底平整、槽深与钢板厚度一致。

④ 画侧面线和断面线:将底面已做准的弯头料和一根较长的直扶手,临时固定在栏杆钢板上在弯头料的端面画出直扶手的断面线。然后,取一根 1m 左右的直尺靠着直扶手侧面上口,在弯头料顶面画出直扶手的延长线。画线后,再目测校核所画的线

与直扶手是否通直。最后，将该弯头料和直扶手编号，以免组装时搞错。

⑤ 加工成型：锯割、刨削弯头时应留半线，内侧面要锯得平直。弯头阴角处呈一小圆角，锯割时，不得锯进圆弧内。圆角处应用相应的圆凿修整。

⑥ 钻孔凿眼：弯头成型后，在弯头端面安装双头螺栓处垂直钻孔，孔深比双头螺栓长度的一半稍深些，钻头直径比螺栓直径大 0.5～1mm。同时，在弯头底面离端面 50mm 以外凿眼或钻孔。此眼深度与端面所钻的孔贯通，且放深 10mm 左右。眼的大小应比双头螺栓的螺母直径稍大些。

⑦ 安装：扶手安装，一般由下向上进行。先将每段查；将直扶手与相邻的弯头连接好。然后，再放在钢板上做整体连接。双头螺栓的螺母要旋紧。若扶手高度超过 100mm 时，双头螺栓的上部宜加一暗梢（可用钉子代替），以免接头处扭转移位。钢板下固定扶手的螺钉，安装时不要歪扭，螺钉肩不要露出钢板面。遇到扶手料硬，可先钻孔，后拧木螺钉。孔深不得超过木螺钉长度的三分之二；孔径应略小于木螺钉的直径。

⑧ 修整：扶手全部安装好后，接头处必须用细短刨、木锉、斜凿、砂纸等再作修整使之外观平直、顺畅、光滑。

3. 木制品的质量标准

木制品的准施工质量应符合现行国家标准《建筑装饰装修工程施工质量验收规范》GB 50210 的相关规定。

4. 常见质量通病及防治方法

（1）扶手接头不严密

1）接头的接触面中间部分凸出，这样安装时，就会发生接头缝隙过大。因此，在制作时，接触面力求平整，宁凹不凸。

2）扶手或弯头材料含水率大，安装后风干产生收缩"拔缝"。因此，扶手及弯头应使用干燥料，含水率不大于 12%，整体弯头料如不能烘干时应在使用前 3 个月用水煮 24 小时后，放在阴凉通风处自然干燥。

3）接头处的双头螺栓螺母要拧紧。当扶手料较高时，可再加胶粘剂粘结。能有效防止"拔缝"产生。

（2）扶手不直、弯头不顺

1）由于存放不当而使扶手产生弯曲变形及栏杆安装质量差，是引起扶手安装后不直的主要原因。木扶手加工或进场后要垫平堆放，不得暴晒或受潮。安装铁栏杆时，为防止其变形，可在栏杆钢板上绑 50mm×100mm 的木方加固，然后进行电焊安装。对于平面弯曲不大的栏杆，可将扶手底面的凹槽宽度作相应的修整，从而保证扶手的顺直。

2）弯头制作时画线不准或修整余量留得太少，是弯头不顺的主要原因。先做准弯头底面，然后将较长的直扶手顶在弯头端面画线，再留半线锯割刨削，能有效防止产生弯头不顺现象。

（3）扶手与栏杆连接不牢：木螺钉数量太少，规格太小，拧得不紧是产生木扶手左右晃动的主要原因。施工时，木螺钉不得遗漏；螺钉孔应留在靠近立杆的上角部位；拧木螺钉前的引孔不能太深、太大；木扶手底面的凹槽应与钢板相符。

5. 安全操作注意事项

（1）用圆锯机进行扶手弯头断料时，锯片大小应与木料厚度相配，木料厚度不得超过锯片的半径。禁止采用正、反面两次锯割的方法，锯断厚度大于锯片半径的木料。锯割弯头料，应选用锯路较大、锋利的锯片。推料速度要慢。发生夹锯，应放慢速度来回锯割，扩大锯路后再锯下去或掉头锯，不得猛推硬撞。

（2）使用手电钻钻扶手接头螺栓孔时，扶手放置要稳妥，拖线板（箱）的电线绝缘要可靠，操作人员应戴绝缘手套。

（3）扶手安装时，脱手扶手应及时绑牢。上下交叉作业时，作业人员要互相照应、刨、凿、榔头等工具要握紧。扶手料要直立靠墙放稳当。

十二、施工及安全管理

（一）施工技术交底

1. 施工技术交底

施工技术交底是指在某一单位工程开工前，或一个分项工程施工前，由相关专业技术人员向参与施工的人员进行的技术性交代，其目的是使施工人员对工程特点、技术质量要求、施工方法与措施和安全等方面有一个较详细的了解和较一致的施工方向，以便于科学地组织施工，避免出现技术质量等事故的发生。

2. 施工技术交底程序：

（1）开会：把相关小组召集到一起，召开专项交底会议，准备齐备完整的会议资料。

（2）交底：将梳理好的交底内容向参会人员宣贯，并讲解本交底涉及的重难点及过程中的注意事项，确保管理及操作人员没有疑问，必要时对重点节点和要求复印分发，保证后期施工的准确。

（3）签字：交底完成所有到场的人员均需签字备忘，必要时可留置影像资料。

（4）存档：将全体参会人员签字的交底分类保存归档，方便后期管理及责任跟踪。

3. 施工技术交底要点

（1）交底的编写应在施工组织设计或施工方案编制以后并通过评审后进行，施工组织设计或施工方案中的有关内容纳入施工技术交底中。

（2）交底的编写应集思广益，综合多方面意见，提高质量，保证可行，便于实施。

（3）施工技术交底是针对现场操作人员进行的，所以交底必须简洁易懂，具有结合现场实际的可操作性。

（4）凡是工程或交底中没有或不包括的内容，一律不得照抄规范和规定。

（5）文辞要简练、准确，不能有误，字迹要清晰、交接手续要健全。

（6）交底需要补充或变更时应编写补充或变更交底。

（7）叙述内容应尽可能使用肯定语以便检查与实施。

4. 施工技术交底的方式

（1）书面技术交底：把交底的内容和技术要求写成书面形式，向班组长和全体有关人员交底，交底人和接受人在交底完成以后，分别在交底书上签字。这种交底形式内容明确，交底效果好，是一般最常用的交底形式。

（2）会议交底：通过召开有关人员会议，把交底内容向与会者传达，主持人除了把交底内容向与会人员交底外，与会者也可以通过讨论、补充、使交底的内容更加完善。

（3）挂牌交底：将交底的主要内容、质量要求写在标牌上，挂在操作场所，这种方法适用于操作内容、操作人员固定的分项工程。

（4）口头交底：适用于人员较少，操作时间短，工作内容较简单的项目。

（5）样板交底：为了使操作者不但掌握一定的质量指标数据，而且还要有更直观的感性认识，可组织操作水平较高的工人先做样板，经质量检查合格后，作为后期施工的参照样板予以交底。

（二）安 全 生 产

1. 安全操作规程

（1）按规定穿戴好劳动防护用品。

（2）每台木工机械都应有独立的电源开关，并在操作方便的部位装设紧急停车和重新启动的开关。

（3）操作者应熟悉设备的生产能力，不得超负荷使用设备。

（4）熟悉消防器材的存放位置和使用方法，工作前后均应对作业现场进行整理。

（5）木工机械启动前，操作者应仔细检查刀轴、锯片是否固定，防护罩、制动装置等是否处于完好状态，木料上有无铁钉、铅丝头或其他硬杂物，均无问题后方可开机，开机应空转2分钟然后再工作。

（6）木材加工产生的尘屑量大，应及时清理，以免堵塞工作地点的通道，发生火灾。

（7）机械周围要经常清理，防止滑倒。

（8）工作完毕或临时停止工作进行维护检修或更换刀具时，应切断电源，等待锯条、锯片完全停止，以免机床意外转动。

（9）木制品及胚料应堆放整齐、稳妥。

2. 防止触电、机械伤害的自我保护

触电、机械伤害是我国实际发生事故率较高的两类安全隐患，需要在加强日常教育的同时，不断强化现场的规范操作和流程管理。

（1）防触电的自我保护

1）根据安全用电"装的安全，拆的彻底，用的正确，修的及时"的基本要求来执行施工过程用电。

2）用电应制定独立的施工组织设计，必须按施工组织设计进行铺设。

3）一切线路铺设必须按技术规程进行，按规范保持安全距离，距离不足时，应采取有效措施进行隔离防护。

4）非电工严禁接拆电气线路、插头、电器设备等。

5）在有触电危险的场所或容易产生误判断、误操作的地方以及存在不安全因素的现场，设置醒目的文字或图形标志，提醒人们识别、警惕危险因素。

6）采取适当的绝缘防护措施将带电导体隔离起来，使电器设备及设备正常工作，防止人身触电。

（2）防机械伤害的自我保护

1）机械加工工作中操作人员必须熟悉加工设备的性能和正确的操作方法，严格执行安全操作规程。

2）各种机械的传动部分必须要有防护罩和防护套，不得随意拆卸。机械在运转中不得进行维修、保养、紧固、调整等作业。

3）在清理碎屑时，必须等转动设备停转才可清理，须使用专用工具。

4）作业前应认真进行作业风险预控分析，工作负责人根据作业内容、作业方法、作业环境、人员状况等去分析可能发生危及人身或设备安全的危险因素，并采取有针对性的措施。

5）机器设备不得超负荷运转，转动部件上不要放置物件，以免开车时物件飞出打击伤人。

6）正确使用和穿戴个体劳动防护用品。

3. 防火、防电、防机械伤害

我国消防工作的方针是"以防为主，防消结合"。"以防为主"就是要把预防火灾的工作放在首要的地位，健全防火组织，严密防火制度，进行防火检查，消除火灾隐患，贯彻建筑防火措施；"防消结合"就是在积极做好防火工作的同时，在组织上、思想上、物质上和技术上做好灭火战斗的准备。当前木工的操作准入门槛较低，操作者素质参差不齐，操作人员缺乏基本的安全认知和系统培训已成为现阶段木工行业安全管理的"硬伤"。下面就对防火、防电、防机械伤害的具体表现做简要归纳。

（1）火灾事故特征

1）事故特征：用电设施、线路老化或故障、雷击、人为因素等。

2）发生区域：生活区、食堂、配电区、木工棚、现场木工施工区、易燃物品堆放区。

3）危害程度及表现：人员伤亡及财产损失。

（2）触电事故类型及危害程度

1）事故类型：电击事故和电伤事故。

2）危害程度：触电事故高发频率在于空气湿度较大的 7 至 9 月份，当流经人体的电流大于 10mA 时，人体将产生危险的病理生理效应，随着电流的增大，会使人体窒息，产生假死状态，在瞬间就能夺去人的生命，当人体触电时，人体与带电体接触不良的部分发生电弧灼伤、点熔印，会给人体留下伤痕，严重时可能致人死命。

（3）机械伤害的表现

1）机械伤害的事故类型：被高温烫伤，脚被压伤，手进入机械设备被轧伤，严重的到人员被大型机械（挖机、铲车、塔式起重机吊钩等物件）撞到等。

2）机械伤害事故大多发生的区域：木工棚、钢筋棚及施工现场塔式起重机行车过程。

3）事故多发季节：夏季人员睡眠不好，易出汗，精神不易集中，对周围的反应较为迟钝。

4. 制定防止机械伤人、触电、火灾的具体措施

（1）机械伤人的防范

1）认真按标准做好机具使用前的验收工作，做好机具操作人员的培训教育，严把持证上岗关；

2）作业前必须检查机具安全状态，使用前必须检查机具安全状态，使用时必须严格执行操作规程，定机定人，严禁无证上岗，违章操作；

3）必须保证必要的机具维修保养时间，做到专人管理、定期检查、例行保养，并做好维修保养记录；

4）各种机具一经发现缺陷、损坏，必须立即维修，严禁机具"带病"运转。

（2）触电伤害规范

1）强化用电安全管理，制定并严格执行企业电气规章制度和安全操作规程，严格执行特种作业上岗证制度；

2）抓教育，提高职工素质；

3）做好临时用电施工设计并组织使用前的验收交底工作；

4）使用中做好用电保护及用电检查；

5）推广电气安全新技术。

（3）火灾的防范

1）易燃材料施工前，制定相关的安全技术措施；

2）明火作业前应履行批准手续；

3）易挥发装饰材料的使用场所应采取必要的通风措施并应远离火源；

4）对作业人员进行培训交底，及时制止违章作业；

5）专业管理人员对作业环境进行检查和配备必要的消防器材等。

5. 制定防止高空坠落和登高作业的具体措施

（1）防止高空坠落措施

1）加强从事高处作业人员的身体检查和高处作业安全教育，不断提高自我保护意识；

2）科学合理的安排施工作业，尽量减少高处作业，为高处作业创造良好的作业条件；

3）加强临边防护措施，使其处于良好的防护状态。

（2）登高作业的安全防范措施

1）在施工组织设计中应确定用于现场施工的登高和攀登设施。

2）攀登的用具、结构构造上必须牢固可靠。供人上下的踏板其使用的荷载不应大于1100N。当地面上有特殊作业，重量超过上述荷载时，应该按实际情况加以验算。

3）移动式梯子应按现行的国家标准验收其质量。

4）梯脚底部应坚实，不得垫高使用。

5）梯子如需接长使用，必须有可靠的连接措施，且接头处不得超过1处，连接后梯梁的强度不应低于单梯梯梁的强度。

6）使用折梯时，上部夹角以 35°～45°为宜，铰链必须牢固，并应有可靠的拉撑。

7）固定式直爬梯应用金属材料制成，梯宽不应大于500mm，支撑应采用不小于 L70 的角钢，埋设与焊接均须牢固，梯子顶端的踏棍应与攀登的顶面齐平，并架设 1～1.5m 高的扶手。使用直爬梯进行攀登作业时，攀登高度以 5m 为宜。超过 2m 时宜加设护笼，超过 8m 时，必须设置梯间平台。

8）作业人员应从规定的通道上下，不得在阳台之间等非规定通道攀登，也不得任意使用吊车臂架等施工设备进行攀登。

6. 木工的安全措施

通过建立安全生产责任制，制定安全管理制度和操作规程，排查治理隐患，建立预防机制，规范生产行为，使各生产环节符合有关安全生产法律法规和标准规范的要求，人、机、物、环境处于良好的生产状态，并持续改进，从而最大限度地防止和减少伤亡事故发生。

（1）木工机械的安全措施

1）按照"有轮必有罩、有轴必有套"和"锯片有罩，锯条有套，刨（剪）、切有挡，安全器送料"的要求，对各种木工机械配置相应的安全防护装置，尤其徒手操作接触危险部位的，一定要有安全防护措施。

2）对产生噪声、木粉尘或挥发性有害气体的机械设备，要配置与其机械运转相连接的消声、吸尘或通风装置，以消除或减轻职业危害，维护职工的安全和健康。

3）木工机械的刀轴与电器应有安全联控装置，在装卸或更换刀具及维修时，须切断电源并保持断开位置，以防误触电源开关或突然供电启动机械而造成人身伤害事故。

4）针对木材加工作业中的木材反弹危险，应采用安全送料装置或设置分离刀、防反弹安全屏护装置，以保障人身安全。

5）在装设正常启动和停机操纵装置的同时，还应专门设置遇事故需紧急停机的安全控制装置，按此要求，对各种木工机械应制定与其配套的安全装置技术标准。厂家供货时，必须带有完备的安全装置，并供应维修时所需的安全配件，以便在安全防护装置失效后予以更新。对缺少安全装置或其失效的木工机械，应禁止或限制使用。

（2）支模拆模

1）模板支撑不得使用腐朽、扭裂、劈裂的材料。顶撑要垂直，底端平整坚实，并加垫木。木楔要钉牢，并用横顺拉杆和剪刀撑拉牢。

2）采用桁架支模应严格检查，发现严重变形、螺栓松动等应及时修复。

3）支模应按工序进行，模板没有固定前，不得进行下道工序，禁止利用拉杆、支撑攀登上下。

4）支设 4m 以上的立柱模板，四周必须顶牢。操作时要搭设工作台；不足 4m 的，可使用可靠马凳操作。

5）支设独立梁模应设临时工作台，不得站在柱模上操作或在梁底模上行走。

6）拆除模板应经施工技术人员同意。操作时应按顺序分段进行，严禁猛撬、硬砸或大面积撬落和拉倒。完工后，不得留下松动和悬挂的模板。拆下的模板应及时运送到指定地点集中堆放，防止钉子扎脚。

7）拆除薄腹梁、吊车梁、桁架等预制构件模板，应随拆随加顶撑支牢，防止构件倾倒。

（3）木构架安装

1）在坡度大于 25°的屋面上操作，应设置防滑梯、护身栏杆等防护措施。

2）木屋架应在地面拼装。必须在上面拼装的应连续进行，中断时应设临时支撑。屋架就位后，应及时安装脊檩、拉杆或临时支撑。吊运材料所用索具必须良好，绑扎要牢固。

3）在没有望板的屋面上安装石棉瓦，应在屋架下弦设安全网或其他安全设施。并使用有防滑条的脚手板，钩挂牢固后方可操作。禁止在石棉瓦上行走。

4）安装二层以上外墙窗扇，如外面无脚手架或安全网，应挂好安全带。安装窗扇中的固定扇，必须钉牢固。

5）不准直接在板条顶棚或隔声板上通行或堆放材料。必须通行时，应架设脚手板通道。

6）钉房槽板，必须站在脚手架上，禁止在屋面上探身操作。

7. 安全事故预案

安全管理以预防为主，其基本出发点源自生产过程中的事故是能够预防的观点。除了自然灾害以外，凡是由于人类自身的活动而造成的危害，总有其产生的因果关系，探索事故的原因，采取有效的对策，原则上就能预防事故的发生。

事故预防包括两个方面：第一，对重复性事故的预防，即对已发生事故的分析，寻求事故发生的原因及其相互关系，提出预防类似事故重复发生的措施，避免此类事故再次发生；第二，对预防可能出现事故的预防，此类事故预防主要只对可能要发生的事故进行预测，即要查出有哪些危险因素组合，并对可能导致什么类型事故进行研究，模拟事故发生过程，提出消除危险因素的办法，避免事故发生。

（1）事故预防的基本原则

1）偶然损失事故产生的后果（人员伤亡、健康损害、物质损害等）及其严重程度都是随机的且难以预测的。无论事故是否造成了损失，为了防止事故的发生，唯一的办法就是防止事故再次发生。这个原则强调，在安全管理实践中，一定要重视各类事故，包括险肇事故，只有将险肇都控制住，才能真正防止事故损失的发生。

2）因果关系事故是许多因素互为因果连续发生的最终结果。应用数理统计方法，收集尽可能多的事故案例进行统计分析，就可以从总体上找出带有规律性的问题，为改进安全工作指明方向，从而做到"预防为主"，实现安全生产，从事故的因果关系中认识必然性，发现事故发生的规律性，变不安全条件为安全条件，把事故消灭在早期起因阶段，这就是因果关系原则。

3）3E原则。造成人的不安全行为和物体的不安全状态的主要原因可归结为四个方面：第一，技术的原因，其中包括：作业环境不良（照明、温度、湿度、通风、噪声、振动等），物料堆放杂乱，作业空间狭小，设备工具有缺陷并缺乏保养，防护与报警装置的配备和维护存在的技术缺陷。第二，教育的原因，其中包括：缺乏安全生产的经验和知识，作业技术、技能不熟练等。第三，身体和态度的原因，其中包括：生理状态或健康状态不佳，如听力、视力不良，反应迟钝，疾病、醉酒、疲劳等生理机能障碍；怠慢、反抗、不满等情绪，消极或亢奋的工作状态等。第四，管理的原因，其中包括：企业主要领导人对安全不重视，人事配备不完善，操作规程不合适，安全规程缺乏或执行不力等。

针对这四个方面的原因，可采取三种防止对策，即工程技术（Engineering）对策、教育（Education）对策和法制（Enforcement）对策。这三种对策就是所谓的3E原则。

4）本质安全化原则。是指从一开始从本质上实现了安全化，就可从根本上消除事故发生的可能性，从而达到了预防事故发生的目的。本质安全化是安全管理预防原理的根本体现，也是安全管理的最高境界。本质安全化的含义也不仅局限于设备、设施的本质安全化，还应扩展到诸如新建工程项目，交通运输，新技术、新工艺、新材料的应用，甚至包括人们的日常生活等各个领域中。

（2）事故的预防对策

根据事故预防的"3E"原则，目前普遍采用以下三种事故预防对策，即技术对策是运用工程技术手段消除生产设施设备的不安全因素，改善作业环境条件、完善防护与报警装置，实现生产条件的安全与卫生；教育对策是提供各种层次的、各种形式和内容的教育和训练，使职工牢固树立"安全第一"的思想，掌握安全生产所必需的知识和技能；法制对策是利用法律、规程、标准以及规章制度等必要的强制性手段约束人们的行为，从而达到消除不重视安全、违章作业等现象的目的。

（3）安全生产事故应急预案编制

1）各单位应根据施工项目实施性施工方案、施工环境、施工季节，以及施工项目的结构、类型、规模、高度等情况和特点，全面分析项目实施过程中存在的危险因素、可能发生的事故类型及事故的危害程度；确定事故危险源，进行风险评估；针对事故危险源和存在的问题，确定相应的防范措施。组织编制安全生产事故专项应急预案，并报送公司总工程师（室）审查批准。

2）专项应急预案的主要内容：

① 事故类型和危害程度分析。在危险源评估的基础上，对其可能发生的事故类型和可能发生的季节及其严重程度进行确定。

② 应急处置基本原则。明确处置安全生产事故应当遵循的基本原则。

③ 组织机构及职责：

A. 应急组织体系。明确应急组织形式、构成单位或人员，并尽可能以结构图的形式表示出来。

B. 指挥机构及职责。根据事故类型，明确应急救援指挥机构总指挥、副总指挥以及各成员单位或人员的具体职责。应急救援指挥机构可以设置相应的应急救援工作小组，明确各小组的工作任务及主要负责人职责。

④ 预防与预警

A. 危险源监控。明确施工现场对危险源监测监控的方式、方法，以及采取的预防措施。

B. 预警行动。明确具体事故预警的条件、方式、方法和信息的发布程序。

⑤ 信息报告程序，主要包括：

A. 确定报警系统及程序；

B. 确定现场报警方式，如电话、警报器等；

C. 确定 24 小时与相关部门的通信、联络方式；

D. 明确相互认可的通告、报警形式和内容；

E. 明确应急反应人员向外求援的方式。

⑥ 应急处置：

A. 响应分级。针对事故危害程度、影响范围和单位控制事态的能力，将事故分为不同的等级。按照分级负责的原则，明确应急响应级别。

B. 响应程序。根据事故的大小和发展态势，明确应急指挥、应急行动、资源调配、应急避险、扩大应急等响应程序。

C. 处置措施。针对施工项目施工过程中可能发生的事故类别和可能发生的事故特点、危险性，制定的应急处置措施（如：铁路既有线施工铁路行车事故应急处置措施；交通、火灾事故应急处置措施；危险化学品火灾、爆炸、中毒等事故应急处置措施）。

⑦ 应急物资与装备保障。明确应急处置所需的物质与装备数量、管理和维护、正确使用等。

⑧ 附件：

A. 有关应急部门、机构或人员的联系方式。列出应急工作中需要联系的部门、机构或人员的多种联系方式，并不断进行更新。

B. 重要物资装备的名录或清单。列出应急预案涉及的重要物资和装备名称、型号、存放地点和联系电话等。

3）现场处置方案的主要内容：

① 事故特征。主要包括：

A. 危险性分析，可能发生的事故类型；

B. 事故发生的区域、地点或装置的名称；

C. 事故可能发生的季节和造成的危害程度；

D. 事故前可能出现的征兆。

② 应急组织与职责。主要包括：

A. 施工现场应急自救组织形式及人员构成情况。

B. 应急自救组织机构、人员的具体职责应同人员的工作职责紧密结合，明确相关岗位和人员的应急工作职责。

③ 应急处置。主要包括以下内容：

A. 事故应急处置程序。根据可能发生的事故类别及现场情况，明确事故报警、各项应急措施启动、应急救护人员的引导、事故扩大及同企业应急预案的衔接的程序。

B. 现场应急处置措施。针对可能发生的火灾、爆炸、危险化学品泄漏、坍塌、水患、机动车辆伤害等，从操作措施、工艺流程、现场处置、事故控制，人员救护、消防、现场恢复等方面制定明确的应急处置措施。

C. 报警电话及上级管理部门、相关应急救援单位联络方式和联系人员，事故报告的基本要求和内容。

4）注意事项。主要包括：

① 佩戴个人防护器具方面的注意事项；

② 使用抢险救援器材方面的注意事项；

③ 采取救援对策或措施方面的注意事项；

④ 现场自救和互救注意事项；

⑤ 现场应急处置能力确认和人员安全防护等事项；

⑥ 应急救援结束后的注意事项；

⑦ 其他需要特别警示的事项。

8. 文明施工

文明施工作为安全管理的一部分，不仅可以体现环境保护理念，为参建人员提供一个舒心、文明的工作环境，还可以体现对企业和工人的形象尊重，更可以通过文明施工管理，避免不必要的安全隐患，为工程的正常运营提供环境保障。

（1）现场文明施工管理的主要内容：

1）抓好项目文化建设。

2）规范场容，保持作业环境整洁卫生。

3）创造文明有序的安全生产条件。

4）减少对居民和环境的不利影响。

（2）现场文明施工管理的基本要求

建设工程施工现场应当做到围挡、大门、标牌标准化、材料码放整齐化（按照平面布置图确定的位置几种码放）、安全设施规范化、生活设施整洁化、职工行为文明化、工作生活秩序化。

建筑工程施工要做到工完场清、施工不扰民、现场不扬尘、运输无遗洒、垃圾不乱弃、努力营造良好的施工作业环境。

（3）现场文明施工管理的控制要点

施工现场出入口应标有企业名称或企业标识，主要出入口明显处应设置工程概况牌，大门内应设置施工现场总平面图和安全安全生产、消防保卫、环境保卫、文明施工和管理人员名单及监督电话牌等制度牌。

施工现场必须实施封闭管理，现场出入口应设门卫室，场地四周必须采用封闭围挡，围挡要坚固、整洁、美观，并沿场地四周连续设置。一般路段的围挡高度不得低于1.8m，市区主要路段的围挡高度不得低于2.5m。

施工现场的场容管理应建立在施工平面图设计的合理安排和物料器具定位管理标准化的基础上，项目经理部应根据施工条件，按照施工总平面图、施工方案和施工进度计划要求，进行所负责区域的施工平面图的规划、设计、布置、使用和管理。

施工现场的主要机械设备、脚手架、密目式安全网与围挡、模具、施工临时通路、各种管线、施工材料制品堆场及仓库、土方及建筑垃圾堆放区、变配电间、消火栓、警卫室、现场的办公、生产和临时设施等的布置，均应符合施工平面图的要求。

施工现场的施工区域应与办公、生活区划分清晰，并采取相应的隔离防护措施。施工现场的临时用房应选址合理，并应符合安全、消防要求和国家规定，在建工程内严禁住人。

施工现场应设置办公室、宿舍、食堂、厕所、淋浴间、开水房、文体活动室、密闭式垃圾站（或容器）及洗浴设施等临时设施，临时设施使用的建筑材料应符合环保、消防要求。

施工现场应设置畅通的排水沟渠系统，保持现场道路干燥坚实，泥浆和污水未经处理不得直接排放。施工场地应硬化处理，有条件时，可对施工现场进行绿化布置。

施工现场应建立现场防火制度和火灾应急响应机制，落实防火措施，配备防火器材。明火作业应严格执行动火审批手续和动火监护制度。高层建筑要设置专用的消防水源和消防立管，每层留设消防水源接口。

施工现场应设置宣传栏、报刊栏，悬挂安全标语和安全警示标示牌，加强安全文明施工宣传。

施工现场应加强治安综合治理和设区服务工作，建立现场治安保卫制度，落实好治安防范措施，避免失盗事件和扰民事件的发生。

参 考 文 献

[1] 建设部人事教育司组织编写. 木工. 北京：中国建筑工业出版社，2002.

[2] 赵王涛主编. 木工. 北京：中国建筑工业出版社，2015.

[3] 中国建筑工业出版社编. 建筑施工手册(第五版)[M]. 北京：中国建筑工业出版社，2013：803-804，879-882

[4] 沈阳建筑大学. JGJ 162—2008 建筑施工模板安全技术规范[S]. 北京：中国建筑工业出版社，2008.

[5] 赵西平，霍小平. 房屋建筑学. [M]北京：中国建筑工业出版社，2006.

[6] 朱慈勉. 结构力学. 北京：高等教育出版社.

[7] 贾洪斌，雷光明，王德芳. 土木工程制图. [M]北京：高等教育出版社，2006.

[8] 韩旭. 木模板施工工艺浅析[J]. 科技创业家，2013，9：51-53.

[9] 徐伟，吴水根. 土木工程施工基本原理[M]. 上海：同济大学出版社，2012：97-116.

[10] 张朝春. 木工模板工工艺与实训[M]. 北京：高等教育出版社，2009：70-107.

[11] 丛传书. 实用木工[M]. 黑龙江：黑龙江科学技术出版社，1982：138-162.

[12] 田永复. 中国古建筑知识手册[M]. 北京：中国建筑工业出版社，2013.

[13] 宋魁彦，郭明辉，孙明磊. 木制品生产工艺[M]. 北京：化学工业出版社，2014.

[14] 朱树初. 装修装饰木工操作技巧[M]. 北京：中国建筑工业出版社，2003.

[15] 刘树江. 模板工长速查. 北京：化学工业出版社，2010.